全国高职高专智能制造领域人才培养"十三五"规划教材

工业机器人技术基础

主　编　王　京　吕世霞
副主编　王　伟　展爱花　葛桂生

华中科技大学出版社
中国·武汉

内 容 简 介

本书是为了满足高职高专机电及机器人专业教学需要而编写的。

本书包括六个项目。主要内容包括初识工业机器人、工业机器人系统、工业机器人基本操作、工业机器人坐标系设定、工业机器人编程和工业机器人仿真软件 Simpro 等。

本书注重职业技能的训练与提高,注重职业素质的培养。项目间知识、能力梯度合理,符合企业对工业机器人技术人才的职业要求。

本书适宜的教学时间为 90 课时左右,可作为高等职业技术院校、高等专科院校等大专层次的机电及机器人类专业的教学用书,也可供相关工程技术人员参考。

图书在版编目(CIP)数据

工业机器人技术基础/王京,吕世霞主编.—武汉:华中科技大学出版社,2018.1
"十三五"工业机器人应用型高技能人才培养系列精品项目化教材
ISBN 978-7-5680-3579-8

Ⅰ.①工…　Ⅱ.①王…　②吕…　Ⅲ.①工业机器人-高等职业教育-教材　Ⅳ.①TP242.2

中国版本图书馆 CIP 数据核字(2017)第 319610 号

工业机器人技术基础　　　　　　　　　　　　　　　　　　王　京　吕世霞　主编
Gongye Jiqiren Jishu Jichu

策划编辑:俞道凯
责任编辑:罗　雪
封面设计:原色设计
责任校对:李　琴
责任监印:周治超
出版发行:华中科技大学出版社(中国·武汉)　　　电话:(027)81321913
　　　　　武汉市东湖新技术开发区华工科技园　　　邮编:430223
录　　排:武汉市洪山区佳年华文印部
印　　刷:武汉市籍缘印刷厂
开　　本:787mm×1092mm　1/16
印　　张:10.25
字　　数:261 千字
版　　次:2018 年 1 月第 1 版第 1 次印刷
定　　价:32.80 元

全国高职高专智能制造领域人才培养"十三五"规划教材

编审委员会

前　　言

美国提出"再工业化",呼吁制造业回归,重构制造业格局;欧盟提出"新工业革命",将机器人作为重点发展领域之一。从国际市场上看,发达国家均将发展以机器人为核心的智能装备作为重振制造业、复苏经济的重要途径。微软创始人比尔·盖茨预言,机器人将再现计算机崛起之路,在不远的未来彻底改变人类的生产和生活方式。

我国人力成本不断上升,人口红利逐渐消失,制造业面临前所未有的挑战,国内制造业转型升级迫在眉睫,从"中国制造"走向"中国智造",这些无疑成为推动我国机器人市场快速发展的重要因素。在机器人市场快速发展过程中,我国肯定需要大量的熟悉机电与机器人设备的技术人才,预计到2020年,工业机器人人才需求总量达20万人以上。随着这些年我国高职教育的发展,高职学校完全有这个能力培养市场需要的机电与机器人设备专业人才。

本书就是为了顺应技术变革、满足企业用人需求、填补教学空缺而编写的。本书包括六个项目。项目一为初识工业机器人,介绍了机器人的定义、发展史、分类、构成及相关安全知识等基本内容,让读者对机器人有概括性的了解;项目二为工业机器人系统,介绍了构成工业机器人的机械系统、控制系统、驱动系统和传感系统,讲述了机器人工作的原理;项目三为工业机器人基本操作,介绍了工业机器人的坐标系统、操作模式、信息查看和零点标定等相关内容,让读者熟悉工业机器人的操作特点;项目四为工业机器人坐标系设定,介绍了世界坐标系、工具坐标系、基坐标系和当前位置显示等相关内容,比较各个坐标系的工作特点和适用场合;项目五为工业机器人编程,讲述了运动指令、控制指令、程序文件和夹具工艺包等相关内容,使读者掌握机器人编程的方法和技巧;项目六为工业机器人Simpro应用,介绍了仿真软件Simpro的系统安装和系统应用等相关内容,为读者系统化学习Simpro仿真软件提供帮助。项目设置以培养学生能力为主、理论讲授为辅,注重"工学结合"。

本书由王京、吕世霞任主编,王伟、展爱花、葛桂生任副主编。编写分工为:重庆理工大学王伟编写项目一、项目二;库卡机器人(上海)有限公司葛桂生和北京电子科技职业学院王京编写项目三、项目四、项目五;北京竞业达沃凯森教育科技有限公司展爱花和北京电子科技职业学院吕世霞编写项目六。全书由王京统稿。

由于编者水平有限,加之时间仓促,本书难免存在不妥之处,恳切希望广大同仁和读者批评指正。

编　者
2017年10月

目　　录

项目一　初识工业机器人

【项目简介】

机器人技术作为 20 世纪人类最伟大的发明之一,从 60 年代初问世以来,经历四十多年的发展已取得长足的进步,机器人的应用已经广泛渗透到社会的各个领域。在未来 10 年,全球工业机器人行业将进入一个前所未有的高速发展期,曾有专家预言,研究和开发新一代机器人将成为今后科技发展的新重点,而且机器人产业不论在规模上还是在资本上都将大大超过今天的计算机产业。因此,是否全面了解机器人知识,具备娴熟的机器人操作技能,也成为衡量 21 世纪人才水平高低的标准之一。下面我们就开始一起去揭开机器人的神秘面纱。

【项目目标】

1. 知识目标

(1) 了解机器人的概念及发展历程;

(2) 掌握机器人的分类,熟悉工业机器人的功能与应用范围。

2. 能力目标

能够指出工业机器人的构成以及各部分的功能作用,熟记工业机器人操作的安全知识。

3. 情感目标

激发并强化学生的学习兴趣,并引导他们逐渐将兴趣转化为稳定的学习动机,以使他们树立自信心,增强克服困难的意志,认识到自己学习的优势与不足,乐于与他人合作,养成积极向上的学习态度。

任务一　机　器　人

机器人的问世不仅改变了人们的生活、工作方式,也加快了社会发展的进程,机器人应用的全面普及,使人类社会迈进了智能化控制时代。在制造业中,工业机器人甚至已成为必不可少的核心装备,世界上有近百万台工业机器人正与工人朋友并肩战斗在各条战线上。

1. 定义

机器人问世已有几十年,目前仍没有统一、严格、准确的定义,但国际上对机器人的概念理解已经逐渐趋近一致。一般来说,人们都可以接受这种说法,即机器人是靠自身动力和控制能力来实现各种功能的一种机器。

联合国标准化组织采纳了美国机器人工业协会(robot industrial association,RIA)给出的定义,即机器人是一种用于移动各种材料、零件、工具或专用装置,通过可编程动作来执行各种任务并具有编程能力的多功能机械手。日本工业机器人协会(Japanese industrial robot association,JIRA)给出的定义是,机器人是一种带有存储器件和末端操作器(end effector,也称手部,包括手爪、工具等)的通用机械,它能够通过自动化的动作替代人类劳动。

日本著名学者加藤一郎提出了机器人的三要素:① 具有脑、手、脚等要素的个体;② 具有非接触(如视觉、听觉等)传感器和接触传感器;③ 具有用于平衡和定位的传感器。

我国科学家对机器人的定义是机器人是一种自动化的机器,而且具备一些与人或生物相似的智能能力,如感知能力、规划能力、动作能力和协同能力,是一种具有高度灵活性的自动化机器。

一般来说,机器人应该具有以下三大特征:

(1)拟人功能　机器人是模仿人或动物肢体动作的机器,能像人那样使用工具。因此,数控机床和汽车不是机器人。

(2)可编程　机器人具有智力或具有感觉与识别能力,可随工作环境变化的需要而再编程。一般的电动玩具没有感觉和识别能力,不能再编程,因此不能称为真正的机器人。

(3)通用性　一般机器人在执行不同作业任务时,具有较好的通用性。比如,通过更换末端操作器,机器人便可执行不同的任务。

2. 发展史

机器人技术一词虽出现得较晚,但这一概念在人类的想象中却早已出现。制造机器人是机器人技术研究者的梦想,它体现了人类重塑自身、了解自身的一种强烈愿望。自古以来,有不少科学家和杰出工匠都曾制造出具有人类特点或具有模拟动物特征的机器人雏形。

在我国,《列子·汤问》中讲述了能工巧匠偃师研制出能歌善舞的伶人的故事,这是我国最早的涉及机器人概念的记录;春秋后期,著名的木匠鲁班曾制造过一只木鸟,如图1-1所示,木鸟能在空中飞行"三日而不下",体现了我国劳动人民的聪明才智。

图 1-1　鲁班制造的木鸟

机器人(robot)一词是1920年由捷克作家卡雷尔·恰佩克(Karel Capek)在他的讽刺剧《罗沙姆的万能机器人》中首先提出的。剧中描述了一个与人类相似,但能不知疲倦地工作的机器奴仆 Robot。从那时起，robot 一词就被沿用下来，中文译成机器人。

1942 年，美国科幻作家艾萨克·阿西莫夫(Isaac Asimov)在他的科幻小说《我，机器人》中提出了机器人学三定律，这三条定律后来成为学术界默认的研发原则。

现代机器人出现于 20 世纪中期，当时数字计算机已经出现，电子技术也有长足的发展，在产业领域出现了受计算机控制的可编程的数控机床，与机器人技术相关的控制技术和零部件加工也有了扎实基础。同时，人类需要开发自动机械，代替人去从事一些在恶劣环境下的作业。正是在这一背景下，机器人技术的研究与应用得到了快速发展。机器人的发展大致经历了三个阶段。

第一代机器人为简单个体机器人，属于示教再现机器人。示教再现机器人是一种可重复再现通过示教编程存储起来的作业程序的机器人。示教编程是指由人工操作引导机器人末端操作器，或由人工操作引导机械模拟装置，或用示教盒(示教编程器)来使机器人完成预期动作的程序编制方法。自 20 世纪 50 年代末至 60 年代，世界上应用的工业机器人绝大多数为示教再现机器人。

1954 年，美国人德沃尔(G. C. Devol)制造出世界上第一台能按照不同程序从事不同工作的可编程机械手；随后，美国发明家恩格尔伯格(Engelberger)成立了世界上第一家机器人制造工厂——Unimation 公司，还与德沃尔联手制造出世界上第一台工业机器人，如图 1-2 所示。由于恩格尔伯格对工业机器人做出的富有成效的研发和宣传工作，他被称为"工业机器人之父"。

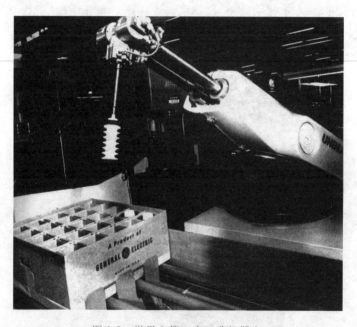

图 1-2　世界上第一台工业机器人

1962 年，美国 AMF 公司生产出了万能搬运机器人 Verstran，如图 1-3 所示，与 Unimation 公司生产的万能伙伴 Unimate 一样成为真正商业化的工业机器人，并出口到世界各国，掀起了全世界对机器人的研究热潮。

1967 年，日本川崎重工公司和丰田公司分别从美国购买了工业机器人 Unimate 和 Verstran的生产许可证，日本开始了对机器人的研究和制造。

20 世纪 60 年代后期，喷漆弧焊机器人问世并逐步开始应用于工业生产。

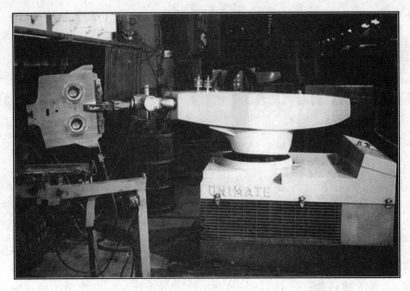

图 1-3　美国 AMF 公司的 Verstran

第二代机器人为低级智能机器人，或称感觉机器人。和第一代机器人相比，低级智能机器人具有一定的感觉系统，能获取外界环境和操作对象的简单信息，可对外界环境的变化做出简单的判断并相应调整自己的动作，以减小工作中出错的概率。因此这类机器人又称为自适应机器人，20 世纪 60 年代末以来，这类机器人在生产企业中的应用逐年增加。

1968 年，美国斯坦福研究所成功研发带有视觉传感器的机器人 Shakey，如图 1-4 所示。它能根据人的指令发现并抓取积木，可以称为世界上第一台智能机器人。

图 1-4　机器人 Shakey

1969 年，日本早稻田大学加藤一郎实验室研发出第一台可以用双脚走路的机器人。加藤一郎长期致力于研究仿人机器人，被誉为"仿人机器人之父"。日本专家一向以研发仿人机器人和娱乐机器人见长。后来更进一步，日本出现了本田公司的 ASIMO 机器人和索尼公司的 QRIO 机器人，如图 1-5 所示。

图 1-5　本田公司的 ASIMO 机器人和索尼公司的 QRIO 机器人

1996 年，本田公司推出仿人型机器人 P2，如图 1-6 所示，使双足行走机器人的研究达到

图 1-6　仿人型机器人 P2

一个新的水平。随后,许多国际著名企业争相研制代表自己公司形象的仿人型机器人,以展示公司的科研实力。

第三代机器人是智能机器人,如图1-7所示。它不仅具备了感觉能力,而且还具有独立判断和行动的能力,并具有记忆、推理和决策的能力,因而能够完成更加复杂的动作。智能机器人在发生故障时,其自我诊断装置能自我诊断出发生故障的部位,并能自我修复。它是利用各种传感器、测量器等来获取环境信息,然后利用智能技术进行识别、理解、推理,最后做出规划决策,能自主行动以实现预定目标的高级机器人。

图 1-7　智能机器人

计算机技术和人工智能技术的飞速发展,使机器人在功能和技术层次上有了很大的提高,移动机器人和机器人的视觉、触觉等技术就是新技术的典型代表。

我国对机器人的研究起步较晚,从20世纪80年代初开始。我国在"七五"计划中把机器人列入国家重点科研规划内容;在"863"计划的支持下,机器人基础理论与基础元器件研究全面展开。我国第一个机器人研究示范工程于1986年在沈阳建立。目前,我国已基本掌握了机器人的设计制造技术、控制系统硬件和软件设计技术、运动学和轨迹规划技术,生产了部分机器人关键元器件,开发出喷漆、弧焊、点焊、装配、搬运机器人等。截至2007年年底,已有130多台喷漆机器人在20余家企业的将近30条自动喷漆生产线上获得规模应用,弧焊机器人已应用在汽车制造厂的焊装生产线上。20世纪90年代中期,我国能在6000 m以下的深水中作业的机器人试验成功。之后的近10年中,在步行机器人、精密装配机器人、多自由度关节机器人的研制等国际前沿领域,我国逐步缩小了与世界先进水平的差距。

但现阶段,我国工业机器人产业的整体水平与世界水平还有相当大的差距,缺乏关键核心技术,高性能交流伺服电动机、精密减速器、控制器等关键核心部件长期依赖进口。国际工业机器人领域"四大家族"的德国 KUKA、瑞士 ABB、日本 FANUC 和 YASKAWA 占据了我国工业机器人市场 60％～70％的份额。

任务二 工业机器人

工业机器人是机器人的一种,最早应用于汽车制造领域,但技术发展至今,工业机器人的应用早已不局限于某个领域,现代工业的方方面面都有工业机器人的身影。

1. 概念

工业机器人,如图 1-8 所示,是面向工业领域的多关节机械手或多自由度的机械装置。它能自动执行工作,是靠自身动力和控制能力来实现各种功能的机器人。它可以接受人类指挥,也可以按照预先编排的程序运行。现代工业机器人还可以根据人工智能技术制定的原则纲领行动。

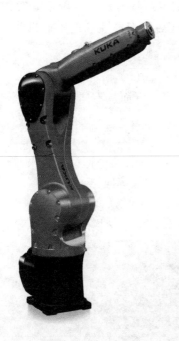
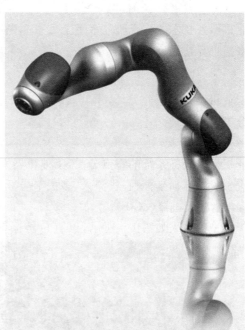

图 1-8 工业机器人

代替和帮助工人劳动是制造工业机器人的主要目的,工业机器人多用在缺少劳动力的工厂和必须进行简单重复性劳动或危及人身健康及安全的场合。工业机器人最显著的特点有以下几个。

1) 可编程

生产自动化的进一步发展是柔性启动化。工业机器人可随其工作环境变化的需要而再编程,因此它在小批量、多品种、具有均衡高效率的柔性制造过程中能发挥很好的作用,是柔性制造系统中的重要组成部分。

2) 拟人化

工业机器人在机械结构上有类似人的双足、腰部、大臂、小臂、手腕、手等部分,在控制上有类似人脑的电脑。此外,智能化工业机器人还有许多类似人类的"生物传感器",如皮肤型接触传感器、力传感器、负载传感器、视觉传感器、声觉传感器、语言功能传感器等。传感器提高了工业机器人对周围环境的自适应能力。

3）通用性

除了专门设计的专用工业机器人外,一般工业机器人在执行不同的作业任务时具有较好的通用性。比如,更换工业机器人的末端操作器(手爪、工具等)便可执行不同的作业任务。

4）复合性

工业机器人技术涉及的学科相当广泛,归纳起来是机械和微电子学的结合——机电一体化技术。第三代智能机器人不仅具有获取外部环境信息的各种传感器,而且还具有记忆能力、语言理解能力、图像识别能力、推理判断能力等,这些都与微电子技术的应用,特别是计算机技术的应用密切相关。因此,机器人技术的发展必将带动其他技术的发展。机器人技术的发展和应用水平也可以验证一个国家科学技术和工业技术的发展水平。

当今工业机器人正逐渐向具有行走能力、具有多种感知能力、具有较强的对作业环境的自适应能力的方向发展。当前,对全球机器人技术的发展最有影响的国家是美国和日本。美国在工业机器人技术的综合研究水平上处于领先地位,而日本生产的工业机器人在数量、种类方面则居世界前列。

2. 分类

关于工业机器人如何分类,国际上没有统一的标准。下面从不同的分类依据介绍工业机器人的分类。

1）按坐标系统分类

按工业机器人坐标系统的特点分类,工业机器人可分为直角坐标型机器人、圆柱坐标型机器人、极坐标型(球面坐标型)机器人、多关节坐标型机器人等四类。

(1) 直角坐标型机器人(3P)。

直角坐标型机器人如图1-9所示,以直角坐标系为基本数学模型,通过手臂的上下、左

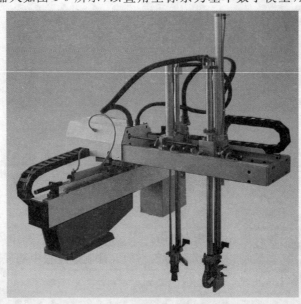

图1-9　直角坐标型机器人

右移动和前后的伸缩构成一个空间直角坐标系,有 3 个独立的自由度,其动作空间为一长方体。大型的直角坐标型机器人也称桁架机器人或龙门式机器人。直角坐标型机器人结构简单,成本低廉,可以应用于点胶、滴塑、喷涂、码垛、分拣、包装、焊接、金属加工、搬运、上下料、装配、印刷等常见的工业生产领域。

(2)圆柱坐标型机器人(R3P)。

圆柱坐标型机器人如图 1-10 所示,具有 3 个自由度,分别是机座的水平转动、沿立柱的升降运动和沿水平臂的伸缩运动,亦即具有一个旋转运动和两个直线运动。圆柱坐标型机器人结构紧凑,通用性较强。

图 1-10　圆柱坐标型机器人

(3)极坐标型机器人(2RP)。

极坐标型机器人的工作臂不仅可绕垂直轴旋转,还可绕水平轴做俯仰运动,且能沿手臂轴线做伸缩运动,并能绕立柱回转,工具端运动所形成的轨迹表面为半球面,结构如图 1-11所示。极坐标型机器人结构紧凑,所占空间小于直角坐标型机器人和圆柱坐标型机器人,操作比圆柱坐标型机器人更为灵活。

(4)多关节坐标型机器人。

多关节坐标型机器人如图 1-12 所示,由多个旋转和摆动机构组合而成,具有操作灵活、运动速度高、操作范围大等特点,但受手臂位姿的影响,无法实现高精度运动。多关节坐标型机器人是当今工业领域中最常见的工业机器人之一,适合用于诸多工业领域的机械自动化作业,比如自动装配、喷漆、搬运、焊接等。根据其摆动方向,此类机器人又可分为垂直多关节机器人和水平多关节机器人,目前装机最多的为串联关节型垂直六轴机器人和 SCARA(selective compliance assembly robot arm)型四轴机器人。

2)按用途分类

工业机器人按用途可分为移动机器人(automated guided vehicle,AGV)、装配机器人、焊接机器人、搬运机器人、喷涂机器人等多种。

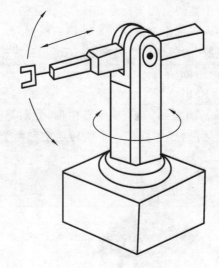

图 1-11　极坐标型机器人

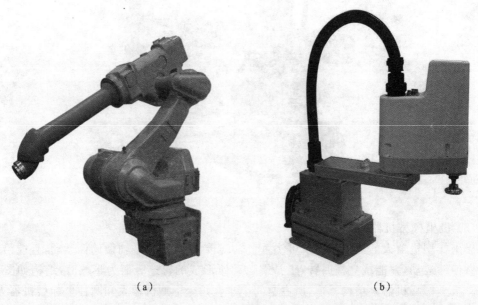

（a）　　　　　　　　　　　　　　　　　（b）

图 1-12　多关节坐标型机器人

（a）垂直多关节机器人　（b）水平多关节机器人

（1）移动机器人（AGV）。

移动机器人如图 1-13 所示，是工业机器人的一种类型，由传感器、遥控操作器和自动控制的移动载体组成，具有移动、自动导航、多传感器控制、网络交互等功能。它可广泛应用于机械、电子、纺织、卷烟、医疗、食品、造纸等行业的柔性搬运、传输等作业，也可用于自动化立体仓库、柔性加工系统、柔性装配系统（以 AGV 作为活动装配平台），同时可在车站、机场、邮局的物品分拣过程中作为运输工具。

（2）装配机器人。

装配机器人如图 1-14 所示，是柔性自动化装配系统的核心设备，由机器人操作机、控制器、末端操作器和传感系统组成。常用的装配机器人主要有可编程通用装配操作手和平面

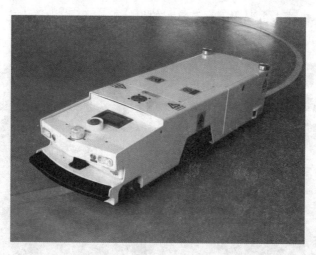

图 1-13 AGV 小车

图 1-14 汽车零部件装配机器人

双关节型机器人即 SCARA 机器人两种类型。与一般的工业机器人相比,装配机器人具有精度高、柔顺性好、工作范围小、能与其他系统配套使用等特点,主要用于各种电器制造、小型电动机、汽车及其部件、计算机、玩具、机电产品及其组件的装配等。

(3) 焊接机器人。

焊接机器人如图 1-15 所示,是从事焊接作业的工业机器人。为了适应不同的使用场合,机器人最后一个轴的机械接口,通常是一个连接轴,可接装不同工具,或称末端操作器。焊接机器人就是在机器人的末轴装接焊钳或焊(割)枪的工业机器人,能进行焊接、切割或热喷涂等作业。焊接机器人具有性能稳定、工作空间大、运动速度快和负荷能力强等特点。其焊接质量明显优于人工焊接,大大提高了焊接作业的效率。焊接机器人目前已广泛应用在汽车制造业,用于汽车底盘、座椅骨架、导轨、消声器以及液力变矩器等的焊接,尤其在汽车底盘焊接生产中得到了广泛的应用。根据焊接装备不同,焊接机器人分为点焊机器人和弧焊机器人,其中点焊机器人主要用于汽车整车的焊接工作,弧焊机器人主要应用于各类汽车零部件的焊接生产。

图 1-15　焊接机器人

（4）搬运机器人。

搬运机器人如图 1-16 所示,是可以进行自动化搬运作业的工业机器人。最早的搬运机

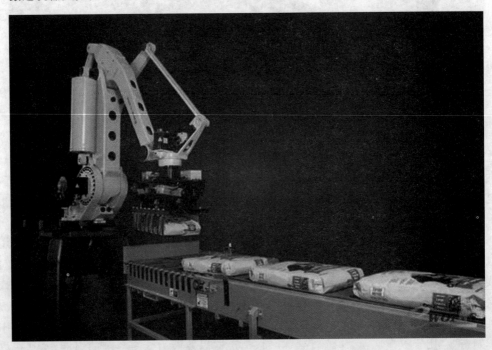

图 1-16　搬运机器人

器人出现在美国,1960 年,Versatran 和 Unimate 两种机器人首次用于搬运作业。搬运作业是指用一种设备握持工件,将其从一个加工位置移到另一个加工位置。搬运机器人可安装不同的末端操作器以完成各种不同形状和状态的工件的搬运工作,大大减轻了人类繁重的体力劳动。目前世界上使用的搬运机器人逾 10 万台,广泛用于机床上下料、冲压机自动化生产线、自动装配流水线、码垛搬运、集装箱自动搬运等。部分发达国家已规定了人工搬运质量的最大限度,超过限度的必须由搬运机器人来完成。

（5）喷涂机器人。

喷涂机器人又叫喷漆机器人,如图 1-17 所示,是可以自动喷漆或喷涂其他涂料的工业机器人。喷涂机器人于 1969 年由挪威的 Trallfa 公司（后并入 ABB 集团）发明。喷涂机器人主要由机器人本体、计算机和相应的控制系统组成,液压驱动的喷涂机器人还包括液压油源,如油泵、油箱和电动机等。喷涂机器人多采用 5 个或 6 个自由度的关节式结构,手臂有较大的运动空间,并可做复杂的轨迹运动,腕部一般有 2 个或 3 个自由度,可灵活运动。较先进的喷涂机器人腕部采用柔性手腕,既可向各个方向弯曲,又可转动,其动作类似人的手腕,能方便地通过较小的孔伸入工件内部,喷涂其内表面。喷涂机器人一般采用液压驱动,具有动作速度快、防爆性能好等特点,可通过手把手或点位示教等方式来实现示教,广泛用于汽车、仪表、电器、搪瓷等工艺生产部门。

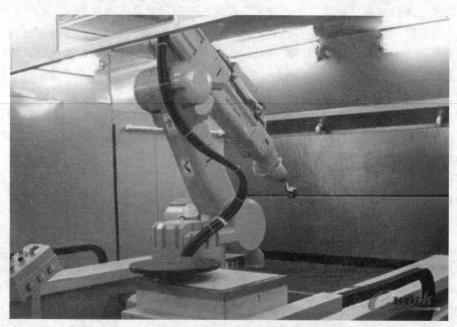

图 1-17　喷涂机器人

3）按控制方式分类

工业机器人按其执行机构运动的控制方式可分点位控制方式、连续轨迹控制方式、力或力矩控制方式和智能控制方式的机器人。

（1）点位控制方式。

点位控制方式的机器人只控制执行机构由一点到另一点的准确定位,而不需要严格控制点与点之间运动的轨迹。为了减少移动部件的运动与定位时间,一般先快速移动到终点附近,然后低速、准确移动到终点定位位置,以保证良好的定位精度。该类机器人适用于机床上下料、点焊和一般搬运、装卸等作业。

（2）连续轨迹控制方式。

连续轨迹控制方式的机器人可控制执行机构按给定轨迹运动，而且速度可控，轨迹光滑，运动平稳。这种工业机器人具有各关节连续、同步地进行相应运动的功能，适用于连续焊接和涂装等作业。

（3）力或力矩控制方式。

在完成装配、抓放物体等作业时，除要准确定位之外，还要求使用适度的力或力矩进行工作，这时就要采用力或力矩控制方式的机器人。这种方式的控制原理与位置伺服控制原理基本相同，只不过输入量和反馈量不是位置信号，而是力或力矩信号，因此系统中必须有力或力矩传感器。有时也利用接近、滑动等传感功能进行自适应控制。

（4）智能控制方式。

工业机器人的智能控制是指机器人通过传感器获得周围环境的信息，并根据自身内部的知识库做出相应的决策。采用智能控制技术，工业机器人具有较强的环境适应性及自我学习能力。智能控制技术的发展有赖于近年来人工神经网络、基因算法、遗传算法、专家系统等人工智能的迅速发展。

4）按程序输入方式分类

工业机器人按其程序输入方式可分为编程输入型和示教输入型两类。

（1）编程输入型。

将计算机上已编好的作业程序文件，通过 RS232 串口或者以太网等通信方式传送到机器人控制柜。

（2）示教输入型。

示教方法有两种。一种是由操作者用示教操纵盒，将指令信号传给驱动系统，使执行机构按要求的动作顺序和运动轨迹操演一遍；另一种是由操作者直接引领，使执行机构按要求的动作顺序和运动轨迹操演一遍。在示教的同时，工作程序的信息即自动存入机器人的程序存储器中。在机器人自动工作时，控制系统从程序存储器中读取相应信息，将指令信号传给驱动机构，使执行机构再现示教的各种动作。用示教的方式输入程序的工业机器人也称为示教再现型工业机器人。

3. 发展

1）全球工业机器人的发展

1954 年美国的德沃尔最早提出了工业机器人的概念，并申请了专利。该专利的要点是借助伺服技术控制机器人的关节，利用人工操作对机器人进行动作示教，机器人能实现动作的记录和再现。这就是所谓的示教再现机器人。1959 年第一台工业机器人在美国诞生，开创了工业机器人发展的新纪元。

工业机器人的发展过程可以分为以下三个阶段。

第一代工业机器人为目前工业中大量使用的示教再现机器人。机器人通过示教存储信息，工作时再读出这些信息，向执行机构发出指令，使执行机构按指令再现示教的操作，广泛应用于焊接、上下料、喷漆和搬运等。

第二代工业机器人是带感觉的机器人。机器人带有视觉、触觉等功能，可以完成检测、装配、环境探测等作业。

第三代工业机器人即智能机器人。它不仅具备感觉功能，而且能根据人的命令，按所处环境自行决策,规划行动。目前,在工业上运行的 90% 以上的机器人都不是智能机器人。

美国是工业机器人的诞生地,基础雄厚,技术先进。如今,美国有一批具有国际影响力的工业机器人供应商,如 Adept Technology、American Robot、Emerson Industrial Automation 等。

日本在 1967 年从美国引进第一台机器人。1976 年以后,随着微电子的快速发展和市场需求急剧增加,日本当时劳动力显著不足,工业机器人在企业里受到了热烈欢迎,使日本工业机器人得到快速发展。现在,无论是在机器人的数量还是在机器人的密度方面,日本都位居世界前列,有"机器人王国"之称。

德国工业机器人的数量仅次于日本和美国,其智能机器人的研究和应用在世界上处于领先地位。目前,在普及第一代工业机器人的基础上,第二代工业机器人经推广应用成为主流安装机型,而第三代工业机器人也已占有一定比重并成为发展的方向。

法国政府一直比较重视机器人技术,通过大力支持一系列研究计划,建立了完整的科学技术体系,使法国机器人的发展比较顺利。在政府组织的项目中,特别注重机器人基础技术方面的研究,把重点放在开展机器人的应用研究上。而且由工业界支持开展应用和开发方面的工作。二者相辅相成,使机器人在法国企业界得以迅速发展和普及,从而使法国在国际工业机器人界拥有不可或缺的一席之地。

英国从 20 世纪 70 年代末开始,推行并实施了一系列支持机器人发展的政策。英国工业机器人起步比当今的机器人大国日本还要早,并曾经取得了早期的辉煌。然而,当时英国政府对工业机器人实行了限制,这导致英国的机器人工业一蹶不振,在西欧几乎处于末位。

近些年,意大利、瑞士、西班牙、芬兰、丹麦等国家由于自身机器人市场的大量需求,其工业机器人发展非常迅速。

目前,世界上的工业机器人公司可大致分为日系和欧系两类。日系主要有安川、OTC、松下、FANUC、那智不二越、川崎等公司。欧系主要有德国的 KUKA、CLOOS,瑞士的 ABB,意大利的 COMAU 及奥地利的 IGM 等公司。

2) 我国工业机器人的发展

我国工业机器人起步于 20 世纪 70 年代初期,经过之后几十年的发展,大致经历了三个阶段,即 70 年代的萌芽期、80 年代的开发期和 90 年代的实用化期。

目前,我国研制的工业机器人已达到了工业应用水平。现在,国家更加重视工业机器人的发展,越来越多的企业和科研人员投入到机器人的开发研究中。

经过 40 多年的发展,工业机器人已在越来越多的领域得到了应用。在制造业中,尤其是在汽车产业中,工业机器人得到了广泛的应用,如在毛坯制造(冲压、压铸、锻造等)、机械加工、焊接、热处理、表面涂覆、上下料、装配、检测及仓库堆垛等作业中,机器人都已逐步取代了人工作业。随着工业机器人向更深、更广的方向发展,以及机器人智能化水平逐渐提高,机器人的应用范围还在不断地扩大,已从汽车制造业推广到其他制造业,进而推广到诸如采矿、建筑业以及水电系统维护维修等各种非制造行业。

虽然中国的工业机器人产业在不断进步,但和国际同行相比,差距依旧明显。主要表现在工业机器人的拥有量远远不能满足社会需求,长期依靠从国外引进;从事工业机器人研发和应用的单位相对较少;工业机器人的很多核心技术,我们尚未完全掌握,这是影响我国机器人产业发展的一个重要瓶颈。自 2013 年以来,中国已成为全球最大的工业机器人市场之一。2014 年消费机器人 5.6 万台,同比增长超过 55%,占全球总消费量的 1/4,相较于 2006

年的 5800 台,猛增近 9 倍。2015 年,中国工业机器人销售量为 6.85 万台,同比增长22.3%。2016 年全年工业机器人产量达到 7.24 万台,2017 年我国工业机器人市场规模有望突破 8 万台。

劳动力价格上涨,产品质量提升,制造业企业迫切需要"机器换人";政府扶持机器人产业,《中国制造 2025》等相关政策推进我国机器人产业发展;伴随着核心零部件技术的突破,国产机器人成本有望大幅下降。这些因素都驱动着我国工业机器人产业的发展。

任务三　工业机器人的构成

工业机器人是面向工业领域的多关节机械手或多自由度的机器人,可在工业生产制造上完成许多人工不能完成的任务。

1. 基本组成

工业机器人的组成部分与人体结构有些类似。一个典型的工业机器人由机械系统、控制系统、驱动系统和传感系统四大部分组成,它们之间的关系如图 1-18 所示。

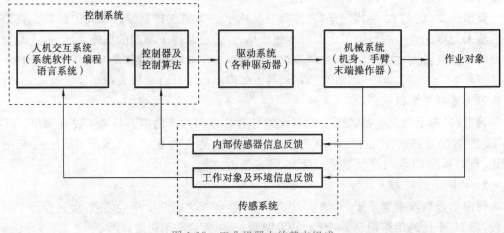

图 1-18　工业机器人的基本组成

1）机械系统

工业机器人的机械系统一般由机身、手臂、末端操作器等组成,如图 1-19 所示。每一部分都有若干自由度,构成一个多自由度的机械系统。若机身具有行走机构,便是行走机器人;若机身不具备行走及腰转机构,则是单机器人臂。手臂一般由上臂、下臂和腕部组成。末端操作器是直接装在腕部上的重要部件,它可以是二手指或多手指的手爪,也可以是焊枪、喷漆枪等作业工具。工业机器人的机械系统相当于人的身体(骨骼、手、臂、腿等)。

2）控制系统

控制系统的任务是根据工业机器人的作业指令程序以及从传感器反馈回来的信号,控制机器人的执行机构,使其完成预定的运动和功能。假如机器人不具备信息反馈特征,则该控制系统为开环控制系统;若具备信息反馈特征,则该控制系统为闭环控制系统。控制系统由计算机硬件和控制软件组成。软件主要由人与机器人进行联系的人机交互系统和控制算法等组成,该部分的作用相当于人的大脑。控制系统装在控制柜中,控制柜如图 1-20 所示。

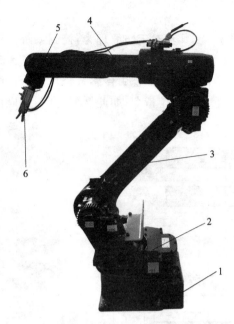

图 1-19 机械系统结构

图 1-20 KUKA KR C4 控制柜

1—机座；2—机身；3—大臂；4—小臂；5—腕部；6—末端操作器

3）驱动系统

驱动系统主要指驱动机械系统动作的装置，这部分的作用相当于人的肌肉。驱动系统可以是液压驱动、气动驱动、电动驱动，或者把它们结合起来应用的综合系统。

液压驱动技术是一种比较成熟的技术。它具有动力大、力（或力矩）与惯量比大、响应快速、易于实现直接驱动等特点，适合在承载能力大、惯量大以及在防爆环境中工作的机器人上应用。但液压驱动系统需进行能量转换（电能转换成液压能），速度控制多数情况下采用节流调速，效率比电动驱动系统低。液压驱动系统的液体泄漏会对环境产生污染，工作噪声也较高。因为这些缺点，近年来，在负载为 1000 N 以下的机器人中，液压驱动系统往往被电动驱动系统所取代。

气动驱动系统具有速度快、系统结构简单、维修方便、价格低等特点，适合在中、小负荷的机器人上使用。但因难于实现伺服控制，气动驱动系统多用于程序控制的机器人，如上下料和冲压机器人。

电动驱动系统在工业机器人中应用最普遍，可分为步进电动机驱动、直流伺服电动机驱动和交流伺服电动机驱动三种形式。早期多用步进电动机驱动，后来发展了直流伺服电动机驱动，现在交流伺服电动机驱动也开始广泛应用。电动驱动系统可以直接驱动或者通过同步带、链条、轮系、谐波齿轮等机械传动机构间接驱动机械系统。

4）传感系统

传感系统由内部传感器模块和外部传感器模块组成，以获取机器人内部和外部环境状态中有意义的信息，并把这些信息反馈给控制系统，该部分的作用相当于人的五官。其中，内部传感器用于检测各关节的位置、速度等变量，为闭环控制系统提供反馈信息。外部传感器用于检测机器人与周围环境之间的一些状态量，如距离、温度等，用来引导机器人。智能传感器的使用提高了机器人的机动性、适应性和智能化水平。

2. 工作原理

机器人系统实际上是一个典型的机电一体化系统,其基本工作原理为:控制系统发出动作指令,控制驱动器动作;驱动器带动机械系统运动,使末端操作器到达空间某一位置和实现某一姿态,实施一定的作业任务;末端操作器在空间的实时位姿由传感系统反馈给控制系统,控制系统把实际位姿与目标位姿相比较,发出下一个动作指令;如此循环,直到完成作业任务为止,如图 1-21 所示。

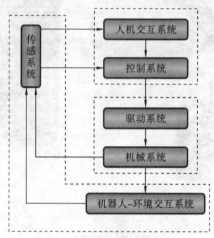

图 1-21　工业机器人系统工作原理

3. 技术参数

技术参数是机器人制造商在产品供货时所提供的技术数据。技术参数反映了机器人可胜任的工作、所具有的最高操作性能等情况,是设计、选择、应用机器人时必须考虑的数据。工业机器人的主要技术参数应包括:自由度、精度、工作范围、最大工作速度和承载能力等。

1)自由度

自由度(degree of freedom)是指机器人所具有的独立坐标轴运动的数目,不包括末端操作器的开合自由度。机器人的一个自由度对应一个关节,所以自由度与关节的含义可以看作是相同的。自由度是表示机器人动作灵活程度的参数,自由度越多机器人就越灵活,但其结构也会越复杂,控制难度越大,所以机器人的自由度要根据其用途设计,一般在 3～6 之间(取整数)。

大于 6 的自由度称为冗余自由度。冗余自由度增加了机器人的灵活性,可方便机器人避开障碍物和改善机器人的动力性能。人类的手臂(大臂、小臂、手腕)共有 7 个自由度,所以工作起来很灵巧,可回避障碍物,并可从不同的方向到达同一个目标位置。

2)定位精度、重复定位精度和分辨率

定位精度和重复定位精度是机器人的两个精度指标。

定位精度是指机器人末端操作器的实际位置与目标位置之间的偏差,由机械误差、控制算法误差与系统分辨率误差等部分组成。

重复定位精度是指在同一环境、同一条件、同一目标动作、同一命令之下,机器人连续重复运动若干次时,其位置的分散情况,是关于精度的统计数据。因重复定位精度不受工作载荷变化的影响,故通常用重复定位精度这一指标作为衡量工业机器人水平的重要

指标。

分辨率是指机器人每根轴能够实现的最小移动距离或最小转动角度。精度和分辨率不一定相关。一台设备的运动精度是指命令设定的运动位置与该设备执行此命令后能够达到的运动位置之间的差距,分辨率则反映了实际需要的运动位置和命令所能够设定的位置之间的差距。

3）作业范围

作业范围是机器人运动时手臂末端或手腕中心所能到达的所有点的集合,也称为工作区域。由于末端操作器的形状和尺寸是多种多样的,故为真实反映机器人的特征参数,作业范围是指不安装末端操作器时的工作区域。作业范围的大小不仅与机器人各连杆的尺寸有关,而且与机器人的总体结构形式有关。某工业机器人的作业范围如图 1-22 所示。

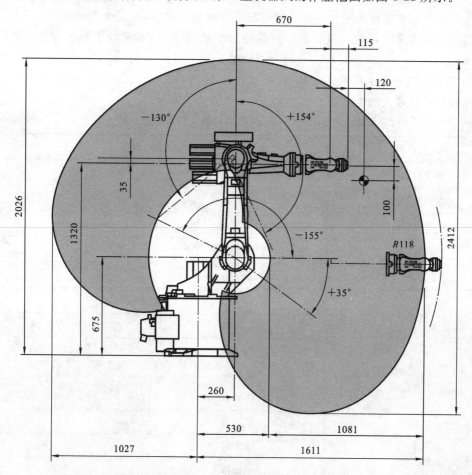

图 1-22　某工业机器人的作业范围示意图

作业范围的形状和大小是十分重要的,机器人在执行某作业时可能会因存在手部不能到达的盲区（dead zone）而不能完成任务。

4）最大工作速度

生产机器人的厂家不同,其所指的最大工作速度也不同,有的厂家指工业机器人主要自由度上最大的稳定速度,有的厂家指手臂末端最大的合成速度,对此通常都会在技术参数中加以说明。最大工作速度愈高,其工作效率就愈高,但是也要花费更多的时间加速或减速,对工业机器人的最大加速率或最大减速率的要求就更高。

确定机器人手臂的最大行程后,根据循环时间安排每个动作的时间,并确定各动作同时进行或顺序进行,就可确定各动作的运动速度。分配动作时间时除了要考虑工艺动作要求外,还要考虑惯性和行程大小、驱动和控制方式、定位和精度要求。

为了提高生产效率,要求缩短整个运动循环时间。运动循环包括加速启动、匀速运行和减速制动三个过程。过大的加速度会导致惯性力加大,影响动作的平稳性和精度。为了保证定位精度,加、减速过程往往占用较长时间。

5) 承载能力

承载能力是指机器人在作业范围内的任何位姿上所能承受的最大质量。承载能力不仅取决于负载的质量,而且与机器人运行的速度和加速度的大小和方向有关。为保证安全,将承载能力这一技术指标确定为高速运行时的承载能力。通常,承载能力不仅指负载质量,也包括机器人末端操作器的质量。目前使用的工业机器人,其承载能力范围较大,最大可达1000 kg。

6) 几种工业机器人的技术参数

几种工业机器人的主要技术参数如表 1-1 至表 1-5 所示。

表 1-1　KUKA KR16-2 工业机器人的主要技术参数

参数名称/单位		数值或说明
额定负载/kg		16
附加负载/kg		10
结构形式		串联
控制轴数		6
工作半径/mm		1611
重复精度/mm		$-0.05 \sim +0.05$
最大工作范围/(°)	第一轴	$-180 \sim +185$
	第二轴	$-155 \sim +35$
	第三轴	$-130 \sim +154$
	第四轴	$-350 \sim +350$
	第五轴	$-130 \sim +130$
	第六轴	$-350 \sim +350$
最大工作速度/((°)/s)	第一轴	156
	第二轴	156
	第三轴	156
	第四轴	330
	第五轴	330
	第六轴	615
本体质量/kg		235

表 1-2 ABB IRB 1600 工业机器人的主要技术参数

参数名称/单位	数值或说明	
额定负载/kg	6	
结构形式	串联	
控制轴数	6	
工作半径/mm	1200	
重复精度/mm	$-0.02\sim+0.02$	
最大工作范围/(°)	第一轴	$-180\sim+180$
	第二轴	$-63\sim+110$
	第三轴	$-235\sim+55$
	第四轴	$-200\sim+200$
	第五轴	$-115\sim+115$
	第六轴	$-400\sim+400$
最大工作速度/((°)/s)	第一轴	150
	第二轴	160
	第三轴	170
	第四轴	320
	第五轴	400
	第六轴	460
本体质量/kg	250	

表 1-3 YASKAWA MOTOMAN-SIA50D 工业机器人的主要技术参数

参数名称/单位	数值或说明	
额定负载/kg	50	
结构形式	串联	
控制轴数	7	
工作半径/mm	1630	
重复精度/mm	$-0.1\sim+0.1$	
最大工作范围/(°)	第一轴	$-180\sim+180$
	第二轴	$-60\sim+125$
	第三轴	$-170\sim+170$
	第四轴	$-35\sim+215$
	第五轴	$-170\sim+170$
	第六轴	$-125\sim+125$
	第七轴	$-180\sim+180$

续表

参数名称/单位	数值或说明	
	第一轴	170
	第二轴	130
	第三轴	130
最大工作速度/((°)/s)	第四轴	130
	第五轴	130
	第六轴	130
	第七轴	200
本体质量/kg	640	
电源功率/kW	5.0	

表 1-4　FANUC M-710iC/50 工业机器人的主要技术参数

参数名称/单位	数值或说明	
额定负载/kg	50	
结构形式	串联	
控制轴数	6	
工作半径/mm	2050	
重复精度/mm	−0.07～+0.07	
	第一轴	360
	第二轴	225
最大工作范围/(°)	第三轴	440
	第四轴	720
	第五轴	720
	第六轴	720
	第一轴	175
	第二轴	175
最大工作速度/((°)/s)	第三轴	175
	第四轴	250
	第五轴	250
	第六轴	355
本体质量/kg	560	
控制系统	R-30iA	

表 1-5　新松 SRB500A 工业机器人的主要技术参数

参数名称/单位	数值或说明
额定负载/kg	500
结构形式	垂直多关节

参数名称/单位	数值或说明	
控制轴数	6	
工作半径/mm	2225	
重复精度/mm	$-0.5\sim+0.5$	
最大工作范围/(°)	第一轴	$-180\sim+180$
	第二轴	$-90\sim+50$
	第三轴	$-150\sim+220$
	第四轴	$-300\sim+300$
	第五轴	$-120\sim+120$
	第六轴	$-360\sim+360$
最大工作速度/((°)/s)	第一轴	75
	第二轴	65
	第三轴	65
	第四轴	100
	第五轴	100
	第六轴	160
本体质量/kg	2450	
电源功率/kW	15.0	

任务四 工业机器人的安全知识

工业机器人相关手册指出,机器人不能伤害人,不能在行动中使前来的人受伤。现有的机器人还不能像人一样看、听或思考,统计表明,由于安装、操作和维护错误,工业机器人确实发生过伤人事故。为预防或减少机器人造成的伤害,我们必须识别机器人工作岗位上可能发生的常见危险,本任务中我们将了解一些工业机器人的基本安全知识与操作规程。

1. 安全知识

工业机器人系统复杂而且危险性大,其运动部件,特别是手臂部分具有较高的能量,以较快的速度掠过比机器人机座大得多的空间,并且其手臂的运动也随着生产环境的条件及工作任务的改变而改变。机器人若意外启动,则对操作人员、编程示教人员及维修人员均有潜在危害。因此,在操作、维护工业机器人过程中必须熟知安全知识,遵守相应的安全操作规范。

1) 安全防护空间

安全防护空间是由机器人外围的安全防护装置(如栅栏等)所组成的空间,如图1-23所示。安全防护空间是指通过风险评价来确定的超出机器人限定空间的需要增加的空间。一般应考虑在机器人作业过程中，所有人员身体的各部分不会接触到机器人运动部件、末端操作器或工件时，机器人的运动范围。

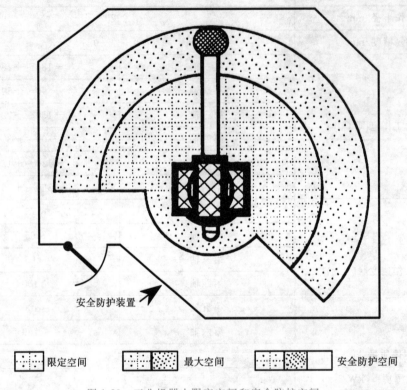

限定空间 最大空间 安全防护空间

图 1-23　工业机器人限定空间和安全防护空间

2）安全防护装置

安全防护装置是安全装置和防护装置的统称。安全装置是消除或减小风险的单一装置或与防护装置联合使用的装置，如联锁装置、使能装置、握持-运行装置、双手操纵装置、自动停机装置、限位装置等。防护装置是通过物体障碍方式专门用于提供防护的机器部分。根据其结构，防护装置可以是壳、罩、屏、门、封闭式防护装置等，如固定式防护装置、活动式防护装置、可调式防护装置、联锁防护装置、带防护锁的联锁防护装置及可控防护装置等。

工业机器人系统除了具备隔离性防护装置（如防护栅、门）等相应的安全设备外，还采用了紧急停止按钮、失电制动装置、轴范围限制装置等安全装置，进一步确保操作人员的安全。安全装置的具体布置如图 1-24 所示。

3）警示装置

在机器人系统中，为了使人们注意潜在的危险，应设置警示装置。警示装置包括栅栏或信号器件，它们被用于识别上述安全防护装置没有阻止的残留风险，但警示装置不应是安全防护装置的替代品。

4）安全生产规程

想要在机器人系统寿命中的某些阶段（例如调试阶段、生产过程转换阶段、清理阶段、维护阶段），设计出完全适用的安全防护装置，去防止各种危险，这是不可能的，而且那些安全防护装置还有可能被暂停使用。在这种状态下，应该制订相应的安全生产规程。

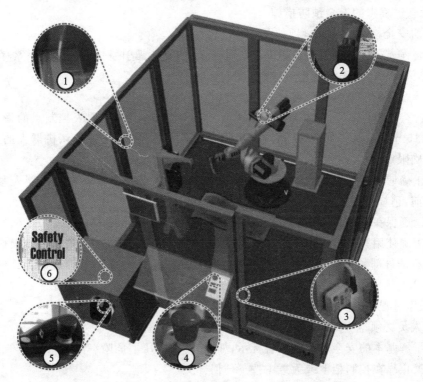

图 1-24　机器人培训站安全装置布置示意图

①—防护栅；②—轴 1、2 和 3 的机械终端止挡或者轴范围限制装置；

③—防护门及具有关闭功能监控的门触点；④—紧急停止按钮（外部）；

⑤—紧急停止按钮、确认键、调用连接管理器的钥匙开关；⑥—内置的（V）KR C4 安全控制器

2. 操作规程

1）安全规则及安全管理

（1）为操作人员提供充分的安全教育和操作指导。

（2）确保为操作人员提供充足的操作时间和正确的指导，以便其能熟练使用机器人。

（3）指导操作人员穿戴指定的防护用具。

（4）注意操作人员的健康状况，不要对操作人员提出无理的要求。

（5）提醒操作人员在设备自动运转时不要进入安全护栏。

（6）禁止将机器人用于规格书中所指定应用范围之外的其他场合。

（7）建立规章制度，禁止无关人员进入机器人安装场所，并确保制度的实施。

（8）操作人员要保持机器人本体、控制柜、夹具及周围场所的整洁，防止意外绊倒等所引发的安全事故。

（9）指定专人保管控制柜钥匙和门互锁装置的安全插销。

2）工作场所的安全预防措施

（1）请保持作业区域及设备的整洁。如果地面上有油、水、工具、工件，可能绊倒操作人员而引发严重事故。

（2）工具用完后必须放回到机器人动作范围外的原保存位置。

（3）机器人可能与遗忘在夹具上的工具发生碰撞，造成夹具或机器人损坏。

（4）操作结束后要打扫机器人和夹具。

3）示教过程中的安全预防措施

操作前安全检查的注意事项如下。

（1）编程人员应目视检察机器人系统及安全区，确认无引发危险的外在因素存在。

（2）检查示教盒，确认能正常操作。

（3）开始编程前要排除任何错误和故障。

（4）检查示教模式下机器人的运动速度。在示教模式下，机器人控制点的最大运动速度限制在 15 m/min（25 mm/s）以内。当用户进入示教模式后，请确认机器人的运动速度是否被正确限定。

（5）正确使用安全开关。在紧急情况下，放开开关或用力按下可使机器人紧急停止。开始操作前，请检查确认安全开关是否起作用。

（6）请确保在操作过程中以正确方式握住示教盒，以便随时采取措施。

（7）正确使用紧急停止按钮。紧急停止按钮位于示教盒的右上角。开始操作前，请检查确认所有的外部紧急停止按钮都能正常工作。如果用户要离开示教盒进行其他操作，请按下示教盒上的紧急停止按钮，以确保安全。

4）操作过程中的安全预防措施

操作人员必须遵守的基本操作规程如下。

（1）了解基本的安全规则和警告标示，如"易燃""高压""危险"等，并认真遵守。

（2）禁止靠在控制柜上或无意中按下任何开关。

（3）禁止向机器人本体施加任何不当的外力。

（4）请注意在机器人本体周围的举止，不允许有危险行为或玩耍。

（5）注意保持身体健康以便随时对危险情况做出反应。

5）维护和检查过程中的安全预防措施

（1）只有接受过特殊安全教育的专业人员才能进行机器人的维护、检查作业。

（2）只有接受过机器人安全培训的技术人员才能拆装机器人本体或控制柜。

6）操作人员平时操作时应注意的事项

（1）打开机器人总开关后，必须先检查机器人是否在原点位置。如果不在，请手动跟踪机器人返回原点，严禁直接按启动按钮启动机器人。

（2）打开机器人总开关后，检查外部控制盒上的外部紧急停止按钮有没有按下去。如果按下去了，就应先复位，然后点亮示教盒上的伺服灯，再去按启动按钮启动机器人，严禁在打开机器人总开关后且外部急停按钮按下去生效时，直接按启动按钮启动机器人。如果在外部紧急停止按钮按下去生效时，不小心按启动按钮启动了机器人，应马上选择手动模式把打开的程序关闭，再选择自动模式，点亮伺服灯，按复位按钮让机器人继续工作。

（3）在机器人运行中，需要使机器人停下来时，可以按外部紧急停止按钮、暂停按钮、示教盒上的紧急停止按钮。如需使其再继续工作，可以按复位按钮。

（4）若需在机器人运行时暂停下来修改程序，应先选择手动模式，然后修改程序。改完程序后，一定要注意程序上的光标必须和机器人现有的位置一致，然后再选择自动模式，点亮伺服灯，按复位按钮让机器人继续工作。

（5）关闭机器人电源前，不用按外部紧急停止按钮，可以直接关闭。

（6）当发生故障或报警时，应把报警代码和内容记录下来，以便技术人员据此寻求解决问题的方法。

实训一　认识工业机器人

【实训设备】

工业机器人基础培训站多套,如图 1-25 所示。

图 1-25　KUKA 机器人基础培训站

①—KR C4 控制柜;②—6 轴机械手;③—手持操作和编程器

【实训目的】

(1) 掌握机器人操作安全注意事项;

(2) 掌握 KUKA(库卡)机器人系统的组成部分及各部分的功能;

(3) 了解工业机器人的结构特点、性能、分类及选择方法;

(4) 掌握机器人的开机、关机操作。

【实训要求】

为了保证实训的质量和秩序,确保实训安全,提出如下实训要求。

(1) 遵守实习现场所在单位的各项规章制度,维护良好的工作秩序,树立良好的形象。

(2) 认真执行有关的安全守则及法规,确保实训中的人身安全和机器人等设备的正常运行。

(3) 认真、务实地完成实训内容,密切联系实际,完善和巩固相关知识体系。

(4) 认真撰写实训记录,遇到问题时及时、虚心向老师请教,珍惜实训时间。

(5) 按时参加实训活动,遵守作息时间。

【实训课时】

2 课时。

【实训内容】

了解机器人的发展历程,熟悉工业机器人的组成,学习并牢记工业机器人的安全操作规程。

思考与练习

一、填空题

1. 日本工业机器人协会对机器人的定义是:机器人是一种带有_____和_____的通用机械。

2. 机器人的发展大致经历了_____、_____和_____三个阶段。

3. 按坐标系统分类,工业机器人可分为_____、_____、_____和_____四种基本类型。

4. 机器人一般由_____、_____、_____和_____四大部分组成。

5. 机器人的驱动方式主要有_____、_____和_____三种。

6. 工业机器人手臂一般由_____、_____和_____组成。

7. 工业机器人传感系统由_____和_____模块组成,以获取机器人_____和_____环境状态中有意义的信息,并把这些信息反馈给控制系统。

二、不定项选择题

1. 下面哪个国家被称为"机器人王国"?(　　　)

A. 中国　　　　　B. 英国　　　　　C. 日本　　　　　D. 美国

2. 机器人的控制方式包括(　　　)等。

A. 点对点控制　　　B. 点位控制　　　C. 连续轨迹控制

D. 任意位置控制　　E. 点到点控制

3. 工业机器人的工作范围是指机器人(　　　)或手腕中心所能到达的点的集合。

A. 机械手　　　　　B. 行走部分　　　C. 手臂末端　　　D. 手臂

4. 机器人的精度主要取决于(　　　)、控制算法误差与系统分辨率误差。

A. 传动误差　　　　B. 关节间隙　　　C. 机械误差　　　D. 连杆机构的挠性

5. 当代机器人大军中最主要的机器人为(　　　)。

A. 工业机器人　　　B. 特种机器人　　C. 军用机器人　　D. 服务机器人

三、判断题

1. 机器人轨迹泛指机器人在运动过程中的运动轨迹,即运动点的位移、速度和加速度。(　　　)

2. 关节型机器人主要由立柱、前臂和后臂组成。(　　　)

3. 到目前为止,机器人已发展到第四代。(　　　)

4. 工业机器人安全防护空间是由机器人外围的安全防护装置所组成的空间。(　　　)

四、简答题

1. 机器人可分成哪几类?

2. 工业机器人由哪几部分组成？各部分的作用是什么？

3. 什么是工业机器人的自由度？

4. 工业机器人最显著的特点有哪些？

5. 工业机器人的控制方式有哪几种？

6. 简述工业机器人的应用有哪些。

项目二 工业机器人系统

【项目简介】

学习了项目一,我们了解了工业机器人的基本概念及其发展历程,知道了工业机器人的用途。那么它究竟是如何工作的呢？通过本项目,我们将学习工业机器人的各个组成部分,看看它们是如何工作的。

【项目目标】

1. 知识目标

(1) 了解工业机器人系统的组成;

(2) 掌握工业机器人机械系统的结构组成、工作原理及作用;

(3) 掌握工业机器人控制系统的结构组成、工作原理及作用;

(4) 掌握工业机器人驱动系统的结构组成、工作原理及作用;

(5) 掌握工业机器人传感系统的结构组成、工作原理及作用;

(6) 熟练掌握工业机器人四大系统的配置形式。

2. 能力目标

能够识别工业机器人各系统部件,了解工业机器人各系统的工作原理及其所能完成的主要功能。

3. 情感目标

培养学生对机器人的兴趣,培养学生关心科技、热爱科学、勇于探索的精神。

任务一 机械系统

工业机器人是一种模拟人手臂、手腕和手等功能的机电一体化装置,它可把任意工件或工具按要求进行移动,并可对移动的位置、速度和加速度进行精确控制,从而完成某一工业作业的要求。

工业机器人的"躯干"——机械系统是完成各种动作任务的基本。只有躯干完好无损,机器人才能根据控制系统发出的命令执行相应的任务,完成相应的功能。下面我们就来认识一下工业机器人的躯干是什么样子的。

工业机器人机械系统是机器人的支撑基础和执行机构,通常由杆件和连接它们的关节组成,计算、分析和编程的最终目的是使机器人通过本体的运动和动作完成特定的任务。工业机器人的机械系统主要包括手部、腕部、臂部和机身四部分。

1. 手部结构

工业机器人的手部是指安装在机器人手臂末端,直接作用于工作对象的装置,又称手爪或末端操作器。机器人所要完成的各种操作,最终都必须通过手部来实现。手部的结构、质量、尺寸对机器人整体的运动学和动力学性能,又有着直接的、显著的影响。由于被握工件或工具的形状、尺寸、质量、材质及表面状态等不同,故工业机器人的手部结构也是多种多样的,但大致可分为夹持式手部、吸附式手部、仿生多指灵巧手、其他手等。

1) 夹持式手部

夹持式手部按其结构形式可分为夹钳式、钩拖式和弹簧式三种,按手指夹持工件时的运动方式可分为回转型和平移型两种。回转型手指结构简单,制造容易,应用较广泛;平移型手指结构比较复杂,应用较少。但用平移型手指夹持圆形工件时,工件直径变化不影响其轴心的位置,因此平移型手指适宜夹持直径变化范围大的工件。

(1) 夹钳式。

夹钳式手部与人手相似,是工业机器人常用的一种手部形式,一般由手指、驱动装置、传动机构、支架组成,如图 2-1 所示。

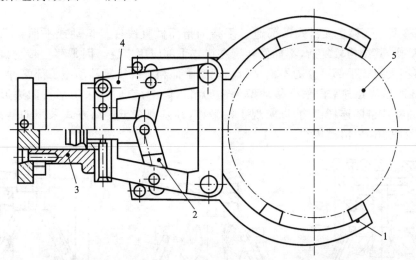

图 2-1　夹钳式手部的组成

1—手指;2—传动机构;3—驱动装置;4—支架;5—工件

手指是直接与工件接触的部件,手部松开与夹紧工件,就是通过手指的张开与闭合来实现的。工业机器人的手部一般有两个手指,也有三个或多个手指的。手指结构取决于被夹持工件的表面形状,被抓部位(是外轮廓还是内孔)和工件的质量及尺寸。常用的手指结构有平面、V 形面和曲面,其中平面手指用于夹持方形工件、板件或细小棒料,V 形面手指用于夹持圆柱形工件,曲面手指用于夹持特殊形状的工件。此外,手指结构还有外夹式、内撑式和内、外夹持式之分。

传动机构是向手指传递运动和动力,以实现夹紧和松开动作的机构。该机构根据手指开合的动作特点分为回转型和平移型两种。回转型传动机构可按支点数目分为一支点回转型和多支点回转型,还可以根据手爪夹紧是摆动还是平动,分为摆动回转型和平动回转型。

① 回转型　夹钳式手部多为回转型,其手指就是一对杠杆,再同斜楔、滑槽、连杆、齿轮、蜗轮蜗杆或螺杆等机构组成复合式杠杆传动机构,用以改变传动比和运动方向等。图 2-2 所示为斜楔杠杆回转型手部。

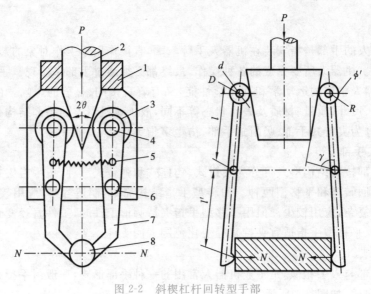

图 2-2　斜楔杠杆回转型手部

1—壳体；2—斜楔驱动杆；3—滚子；4—圆柱销；5—拉簧；6—铰销；7—手指；8—工件

② 平移型　平移型夹钳式手部通过手指的指面做直线往复运动或平面移动来实现张开或闭合动作，其结构较复杂，不如回转型夹钳式手部应用广泛。因平移型传动机构的结构不同，平移型夹钳式手部可分为平面平行移动型手部和直线往复移动型手部两种。

图 2-3 所示为几种平面平行移动型手部的结构简图，它们都采用平行四边形的铰链机构——双曲柄铰链四连杆机构，以实现手指平移，其差别在于传动方式采用的是齿轮齿条、蜗轮蜗杆还是连杆斜滑槽传动。

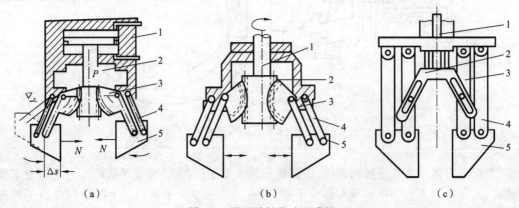

（a）　　　　　　　　　　（b）　　　　　　　　　　（c）

图 2-3　平面平行移动型手部

（a）齿轮齿条　（b）蜗轮蜗杆　（3）连杆斜滑槽

1—驱动器；2—驱动元件；3—驱动摇杆；4—从动摇杆；5—手指

图 2-4 所示为几种直线往复移动型手部的结构简图。它们既可以是双指型，也可以是三指或多指型；既可自动定心，也可非自动定心。

（2）钩拖式。

钩拖式手部不是靠夹紧力来夹持工件的，而是利用手指对工件的钩、拖、捧等动作来移动工件。应用钩拖方式可降低对驱动力的要求，简化手部结构，甚至可以省略手部驱动装置。图 2-5 所示为两种钩拖式手部的结构简图。钩拖式手部适合在水平面内和垂直面内做低速移动的搬运工作，尤其适合搬运大型笨重的工件或结构粗大而质量较小且易变形的工件。

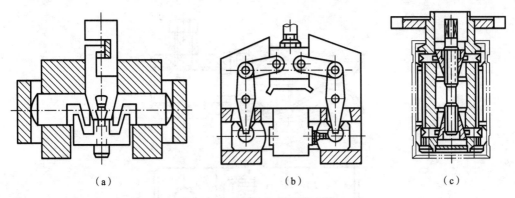

图 2-4　直线往复移动型手部
(a) 斜楔平移机构　(b) 连杆杠杆平移机构　(c) 螺旋斜楔平移机构

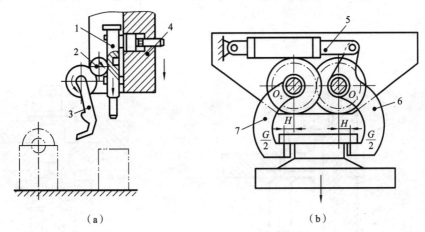

图 2-5　钩拖式手部
(a) 无驱动装置　(b) 有驱动装置
1—齿条；2—齿轮；3—手指；4—销；5—液压缸；6、7—杠杆手指

（3）弹簧式。

弹簧式手部依靠弹簧弹力将工件夹紧，手部不需要专门的驱动装置，结构简单，图 2-6 所示为弹簧式手部的结构简图。它的使用特点是工件进入手指和从手指中脱离都是强制进行的。因弹簧弹力有限，故弹簧式手部只适用于夹持较小的工件。

2）吸附式手部

吸附式手部靠吸附力夹取工件，根据吸附力的不同，分为气吸附式和磁吸附式两种。吸附式手部可用于大平面、易碎、微小的金属或非金属工件的抓取，因此使用范围广泛。

（1）气吸附式手部。

气吸附式手部是工业机器人常用的一种夹持工件的装置，它由吸盘（一个或多个）、吸盘架及进排气系统组成，是利用吸盘内的压力和大气压之间的压力差而工作的。与夹持式手部相比，它具有结构简单、质量小、吸附力分布均匀等优点，对于薄片状物体（如板材、纸张、玻璃等）的搬运更有优越性，广泛应用于非金属材料或不可有剩磁的工件抓取。但气吸附式手部抓取工件时是有要求的，需工件表面较平整光滑、清洁、无孔、无凹槽，工件材质致密，没有透气空隙。按形成压力差的方法，气吸附式手部可分为真空吸附手部、气流负压吸附手部、挤压排气式手部等几种，如图 2-7 至图 2-9 所示。

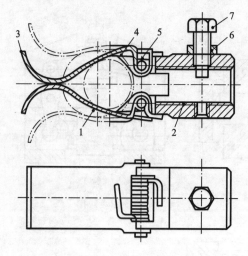

图 2-6 弹簧式手部

1—工件；2—套筒轮；3—弹簧片；4—扭簧；5—销钉；6—螺母；7—螺钉

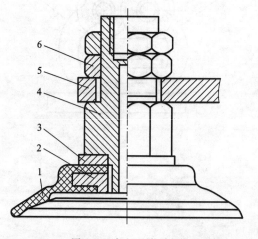

图 2-7 真空吸附手部

1—橡胶吸盘；2—固定环；3—垫片；4—支撑杆；5—基板；6—螺母

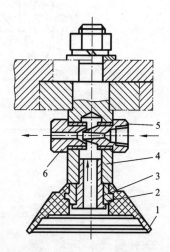

图 2-8 气流负压吸附手部

1—橡胶吸盘；2—芯套；3—透气螺钉；

4—支撑杆；5—喷嘴；6—喷嘴套

（2）磁吸附式手部。

磁吸附式手部利用永久磁铁或电磁铁通电后产生的磁力来吸附工件，主要由磁盘、防尘罩、线圈、外壳体等组成，如图 2-10 所示。磁吸附式手部与气吸附式手部相同，不会破坏被吸附工件的表面质量。磁吸附式手部比气吸附式手部有更大的单位面积吸附力，且对工件表面粗糙度及通孔、沟槽等无特殊要求，应用范围较广。

3）仿生多指灵巧手

目前，大部分工业机器人的手部只有两个手指，而且手指上一般没有关节，因此取料时不能适应物体外形的变化，不能使物体表面承受比较均匀的夹持力，无法满足对复杂形状、不同材质的物体均能实施夹持和操作的现实要求。为了提高机器人手部和腕部的操作能力、灵活性和快速反应能力，使机器人手部能像人手一样进行各种复杂的作业，就必须研制出运动灵活、动作多样的仿生多指灵巧手，即仿人手。如图 2-11 所示为三种仿人手的结构简图，

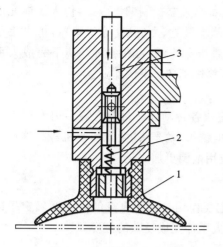

图 2-9　挤压排气式手部

1—橡胶吸盘；2—弹簧；3—拉杆

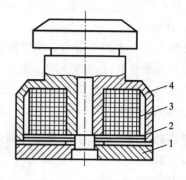

图 2-10　磁吸附式手部

1—磁盘；2—防尘罩；3—线圈；4—外壳体

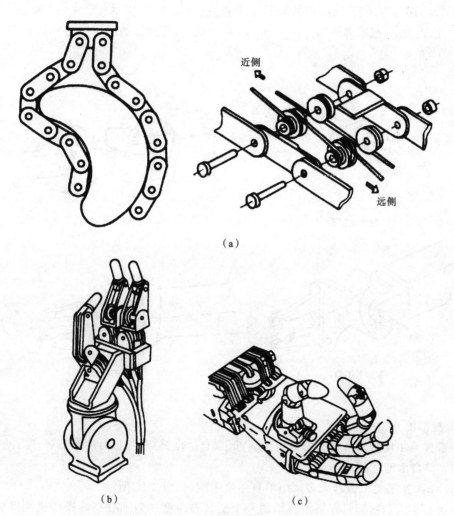

（a）

（b）　　　　（c）

图 2-11　仿人手

（a）多关节柔性手　（b）三指灵巧手　（c）四指灵巧手

每个手指都有多个回转关节,每个关节的自由度都是独立控制的。因此,仿人手能完成各种复杂的人手动作,如拧螺钉、弹钢琴等。在手部装配触觉、力、温度等传感器,仿人手便能达到更加完善的程度。仿生多指灵巧手的应用前景十分广泛,可在各种环境下完成人手无法实现的操作,如核工业领域、宇宙空间、高温高压等极端环境下的作业。

4)其他手

机器人配上各种专用的末端操作器后,能完成各种动作。目前有许多由专用工具改造而成的末端操作器,如拧螺母机、焊枪、电磨头、电铣头、抛光头、激光切割机等。这些专用工具形成不同系列供用户选择,使工业机器人的应用范围更加广泛。

2. 腕部结构

腕部是连接臂部和手部的结构部件,它的主要作用是利用自身的自由度确定手部的作业方向。因此,它具有独立的自由度,以便机器人手部完成复杂的位姿。

1)腕部的自由度

为了使手部能达到目标位置并处于期望的姿态,要求腕部能实现绕空间三个坐标轴 X、Y、Z 的转动,即具有回转、俯仰和偏转三个自由度,如图 2-12 所示。通常,把腕部的偏转称为 yaw,用 Y 表示;把腕部的俯仰称为 pitch,用 P 表示;把腕部的回转称为 roll,用 R 表示。

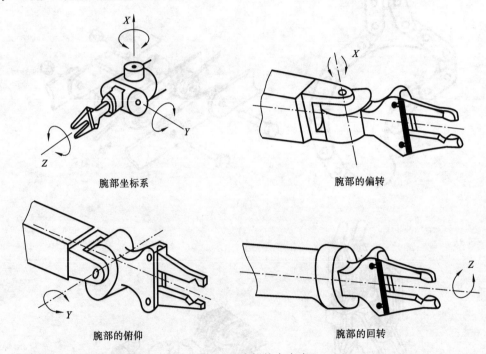

腕部坐标系　　　　　　　　　　腕部的偏转

腕部的俯仰　　　　　　　　　　腕部的回转

图 2-12　腕部的自由度

2)腕部的分类

腕部按自由度数目可分为单自由度腕部、二自由度腕部、三自由度腕部等。

(1)单自由度腕部。

SCARA 水平关节机器人多采用单自由度手腕,如图 2-13 所示。

该类机器人的腕部只有绕垂直轴的一个旋转自由度。为了减小其操作机悬臂的质量,腕部的驱动电动机固接在机架上。腕部转动的目的在于调整装配件的方位。由于转动方式为两级等径轮齿形带,所以大、小臂的转动不影响末端操作器的水平方位,该方位的调整完

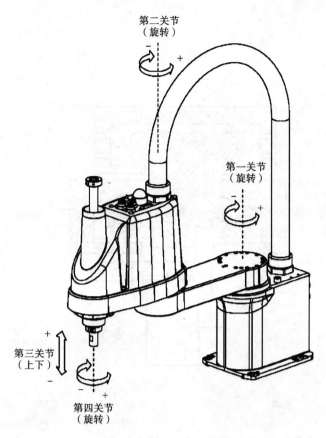

第二关节
（旋转）

第一关节
（旋转）

第三关节
（上下）

第四关节
（旋转）

图 2-13　SCARA 机器人

全取决于腕传动的驱动电动机。末端执行器的方位角度（以机座坐标系为基准）是大、小臂转角与腕转角之和。

（2）二自由度腕部。

二自由度腕部有两种结构：一种是汇交式二自由度腕部，腕部的末杆与小臂中线重合，两个链轮对称分布在两边；另一种是偏置式二自由度腕部，腕部的末杆偏置在小臂中线的一边，其优点是腕部结构紧凑，小臂横向尺寸较小。

（3）三自由度腕部。

三自由度腕部是在二自由度腕部的基础上加一个整个手腕相对于小臂的转动自由度而形成的。三自由度腕部是"万向"型的，形式繁多，可以完成很多二自由度腕部无法完成的作业。近年来，大多数关节型机器人都采用了三自由度腕部。

3）典型腕部结构

柔顺腕部作为典型的腕部结构，用在机器人精密装配作业中。当被装配零件之间的配合精度相当高，工件的定位夹具、机器人手部的定位精度无法满足装配要求时，会导致装配困难，因此就提出了装配动作的柔顺性要求。图 2-14 所示为具有水平移动和摆动功能的浮动机构的柔顺腕部结构简图，图 2-15 所示为柔顺腕部动作过程示意图。

3. 臂部结构

手臂部件简称臂部，是机器人的主要执行部件，它的作用是支撑腕部和手部，并带动它们在空间中运动。机器人的臂部主要包括臂杆以及与其伸缩、屈直或自转等运动有关的构

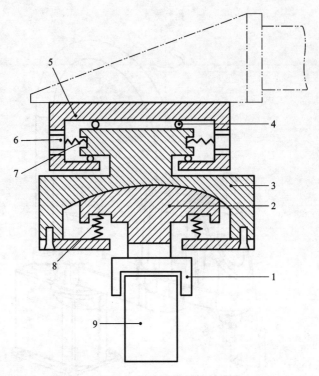

图 2-14　柔顺腕部结构简图

1—机械手；2—下部浮动件；3—上部浮动件；4—钢珠；5—中空固定件；6—螺钉；7,8—弹簧；9—工件

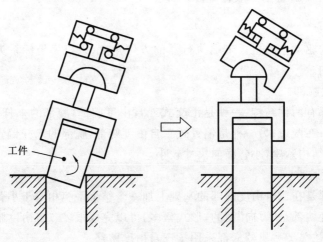

图 2-15　柔顺腕部动作过程

件，如传动机构、驱动装置、导向定位装置、支撑连接和位置检测元件等，此外，还有与腕部或手部的运动和连接支撑等有关的构件、配管配线等。

臂部的回转和升降运动是通过机座的立柱实现的，立柱的横向移动即为臂部的横移。臂部的各种运动通常是由驱动机构和其他相关机构来实现的，因此，臂部不仅仅承受被抓工件的重量，而且承受末端操作器、手部、腕部和臂部自身的重量。臂部的结构、灵活性、抓重大小和定位精度都直接影响机器人的工作性能。

臂部根据其运动和布局、驱动方式、传动和导向装置的不同，可分为伸缩型臂部结构、转动伸缩型臂部结构、屈伸型臂部结构和其他专用的机械传动臂部结构。

臂部按结构形式,又可分为单臂式臂部结构、双臂式臂部结构和悬挂式臂部结构三类。

臂部的运动分为直线运动、回转运动和复合运动等不同的运动方式,对应不同的臂部结构。臂部的直线运动有伸缩、升降以及横向(或纵向)移动;回转运动有左右回转、上下摆动(俯仰);复合运动则既有直线运动又有回转运动。

4. 机身结构

工业机器人的机身(或称立柱)是直接连接、支承和传动手臂及行走机构的部件。它是由臂部运动(升降、平移、回转和俯仰)机构及有关的导向装置和支撑件等组成的。由于机器人的运动形式、使用条件、负载能力各不相同,所采用的驱动装置、传动机构、导向装置也不同,所以不同的机器人机身结构有很大差异。

一般情况下,实现臂部的升降、回转或俯仰运动的驱动装置或传动件都安装在机身上。臂部的运动愈多,机身的结构和受力愈复杂。机身既可以是固定式的,也可以是行走式的,即在它的下部可装有能行走的机构,可沿地面或架空轨道运行。

1) 典型结构

常用的机身结构有升降回转型机身结构、俯仰型机身结构、直移型机身结构和类人机器人机身结构几种。

2) 配置形式

臂部和机身的配置形式基本上反映了机器人的总体布局。由于机器人的运动要求、工作对象、作业环境和场地等因素的不同,因此机器人也采用了各种不同的配置形式。目前常用的形式有横梁式、立柱式、机座式、屈伸式几种,如图 2-16 至图 2-19 所示。

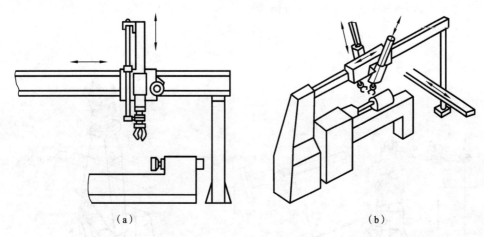

（a）　　　　　　　　　　　　　（b）

图 2-16　横梁式
（a）单臂悬挂式　（b）双臂悬挂式

3) 行走机构

行走机构是行走机器人的重要执行部件,它由驱动装置、传动机构、位置检测元件、传感器、电缆及管路等组成。它一方面支承机器人的机身、臂部和手部,另一方面还根据工作任务的要求,带动机器人在更广阔的空间内运动。

一般而言,行走机器人的行走机构主要有车轮式行走机构、履带式行走机构和足式行走机构。此外,还有步进式行走机构、蠕动式行走机构、混合式行走机构和蛇行式行走机构等,

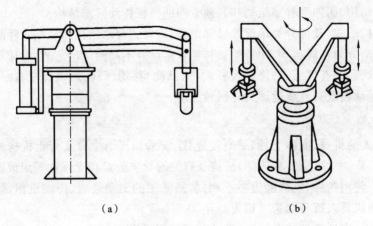

（a） （b）

图 2-17 立柱式

（a）单臂立柱式 （b）双臂立柱式

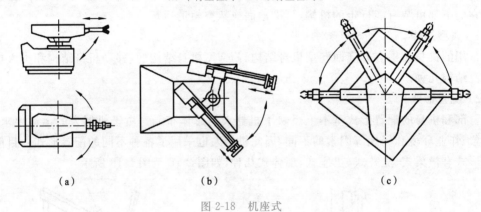

（a） （b） （c）

图 2-18 机座式

（a）单臂回转式 （b）双臂回转式 （c）多臂回转式

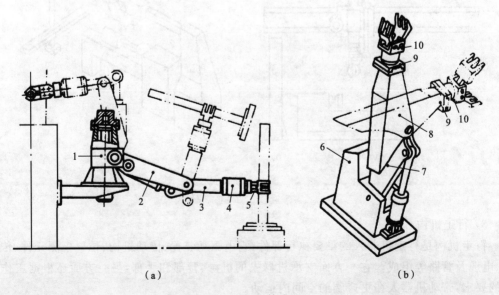

（a） （b）

图 2-19 屈伸式

（a）平面屈伸式 （b）空间屈伸式

1—立柱；2、8—小臂；3、7—大臂；4、9—腕部；5、10—手部；6—机身

以适用于各种特别的场合。图 2-20 所示为几种足式行走机器人。

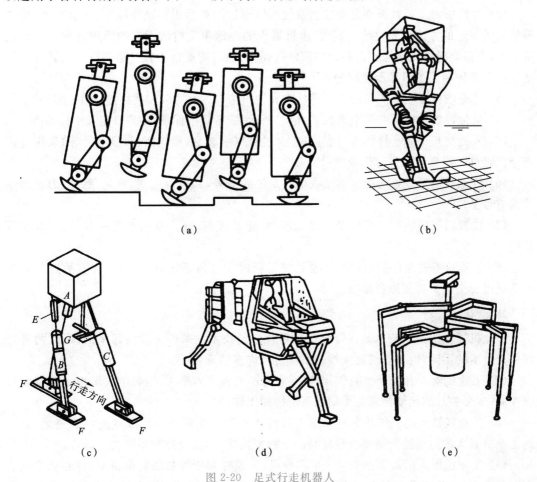

图 2-20 足式行走机器人
（a）单足跳跃机器人 （b）双足行走机器人 （c）三足机器人 （d）四足机器人 （e）六足机器人

任务二 控制系统

工业机器人的控制系统主要根据传感系统采集到的信号进行分析判断,再向机器人本体及周边设备发出控制指令,它是一个控制指挥中心。通过学习本任务,我们将了解工业机器人的控制系统是如何工作的。

控制系统是工业机器人的主要组成部分,其功能类似人脑,用于控制机器人完成特定的工作任务。工业机器人的控制系统可分为两部分:一部分是对机器人自身运动与姿态的控制;另一部分是对工业机器人与周边设备的协调控制。

1. 功能

控制工业机器人在工作过程中的空间位置、速度、轨迹等是控制系统的主要工作任务,其中有些控制是非常复杂的。工业机器人控制系统的基本功能如下。

（1）记忆功能 控制系统能存储机器人的作业顺序、运动路径、运动方式、运动速度和与生产工艺有关的信息。

（2）示教功能　示教再现是指控制系统可以通过示教过程将动作顺序、运动速度、位置等信息用一定的方法预先教给机器人，由机器人的存储单元将所示教的操作过程自动地记录下来，当需要时再现操作过程。如需修改操作过程，则重新示教一遍即可。示教方式包括示教盒示教和人工引导示教两种。

（3）与外围设备联系的功能　具有输入和输出接口、通信接口、网络接口、同步接口。

（4）坐标设置功能　有关节坐标系、绝对坐标系、工具坐标系、用户自定义坐标系等。

（5）人机交互功能　操作人员能通过人机接口（示教盒、操作面板、显示屏等）采用直接指令代码对工业机器人进行作业指示。

（6）传感器信息收集功能　能接收传感系统的信号，如位置检测、视觉、触觉、力或力矩检测信号等。

（7）位置伺服功能　具有机器人多轴联动、运动控制、速度和加速度控制、动态补偿等功能。

（8）故障诊断安全保护功能　控制系统运行时能进行系统状态监视，在有故障的状态下能进行安全保护和故障自诊断。

2. 特点

工业机器人的控制技术是在传统机械系统控制技术的基础上发展起来的，因此两者之间并无根本的不同，但工业机器人控制系统也有许多特殊之处。

（1）工业机器人有若干个关节，典型工业机器人有五六个关节，每个关节由一个伺服系统控制，多个关节的运动要求各个伺服系统协同工作。

（2）工业机器人的工作任务是要求末端操作器进行空间点位运动或连续轨迹运动，为此工业机器人的运动控制需要进行复杂的坐标变换运算，以及矩阵函数的逆运算。

（3）工业机器人的数学模型是一个多变量、非线性和变参数的复杂模型，各变量之间还存在着耦合，因此工业机器人的控制系统经常使用前馈、补偿、解耦和自适应等复杂控制技术。

（4）较高级的工业机器人的控制系统能对环境条件、控制指令进行测定和分析，采用计算机建立庞大的信息库，用人工智能的方法进行控制、决策、管理和操作，按照给定的要求，自动选择最佳控制规律。

3. 组成

工业机器人控制系统由控制计算机、示教盒、操作面板等组成，如图2-21所示。

（1）控制计算机　控制系统的调度指挥机构。一般为微型计算机、微处理器，有32位、64位等，如奔腾系列CPU以及其他类型CPU。

（2）示教盒　示教机器人的工作轨迹、参数设定以及所有人机交互操作，拥有独立的CPU以及存储单元，与主计算机之间以串行通信方式实现信息交互。

（3）操作面板　由各种操作按键、状态指示灯构成，只完成基本功能操作。

（4）硬盘和软盘　存储机器人工作程序的外围存储器。

（5）数字和模拟量输入输出　各种状态和控制命令的输入或输出。

（6）打印机接口　记录需要输出的各种信息。

（7）传感器接口　用于信息的自动检测，实现机器人柔顺控制，一般为力觉、触觉和视

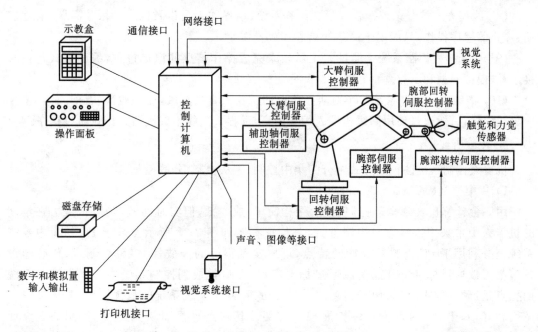

图 2-21　机器人控制系统组成框图

觉传感器。

　　(8) 轴控制器　用于机器人各关节位置、速度和加速度的控制。

　　(9) 辅助设备控制　用于和机器人配合的辅助设备的控制,如手爪变位器等。

　　(10) 通信接口　实现机器人和其他设备的信息交换,一般有串行接口、并行接口等。

　　(11) 网络接口　① Ethernet 接口:可通过以太网实现数台或单台机器人的直接 PC 通信,数据传输速率高达 10 Mbit/s。可直接在 PC 上用 Windows 库函数进行应用程序编程之后,支持 TCP/IP 通信协议,通过 Ethernet 接口将数据及程序装入各个机器人控制器中。② Fieldbus 接口:支持多种流行的现场总线规格,如 Devicenet、ABRemoteI/O、Interbus-s、profibus-DP、M-NET 等。

　　4. 分类

　　(1) 程序控制系统　给每一个自由度施加一定规律的控制作用,使机器人实现要求的空间轨迹。

　　(2) 自适应控制系统　当外界条件变化时,自适应控制系统可以保证所要求的品质,或者随着经验的积累,可自行改善控制品质。其过程是基于对机器人的状态和伺服误差的观察,调整非线性模型的参数,一直到误差消失为止。这种系统的结构和参数能随时间和条件自动改变。

　　(3) 人工智能系统　事先无法编制运动程序,而是在运动过程中根据所获得的周围状态信息,实时确定控制作用。

　　(4) 点位式控制系统　要求机器人准确控制末端执行器的位姿,而与路径无关。

　　(5) 轨迹式控制系统　要求机器人按示教的轨迹和速度运动。

　　(6) 总线控制系统　采用国际标准总线作为控制系统的控制总线,如 VME、MULTI-bus、STD-bus、PC-bus。

　　(7) 自定义总线控制系统　使用生产厂家自行定义的总线作为控制系统的控制总线。

（8）编程方式控制系统　物理设置编程系统，由操作人员设置固定的限位开关，实现启动、停止的程序操作，只能用于简单的拾起和放置作业。

（9）在线编程控制系统　通过人工示教来完成操作信息的记忆过程，编程方式包括直接示教、模拟示教和示教盒示教。

（10）离线编程控制系统　不对实际作业的机器人直接示教，而是脱离实际作业环境生成示教程序，一般通过使用高级机器人编程语言，远程式离线生成机器人作业轨迹程序。

5. 控制方式

机器人控制系统的控制方式可分为集中控制、主从控制、分散控制三类。

1）集中控制（centralized control）

用一台计算机实现全部控制功能，结构简单，成本低，但实时性差，难以扩展。在早期的机器人中常采用这种集中控制方式，其构成框图如图 2-22 所示。基于 PC 的集中控制系统充分利用了 PC 资源开放性的特点，可以实现很好的开放性，多种控制卡、传感器设备等都可以通过标准 PCI 插槽或通过标准串口、并口集成到控制系统中。集中控制系统的优点是：硬件成本较低，便于信息的采集和分析，易于实现系统的最优控制，整体性与协调性较好，基于 PC 的系统硬件扩展较为方便。其缺点也显而易见：系统控制缺乏灵活性，控制危险容易集中，一旦出现故障，其影响面广，后果严重；当系统进行大量数据计算时，会降低实时性，系统对多任务的响应能力也会与系统的实时性相冲突；此外，系统连线复杂，会降低可靠性。

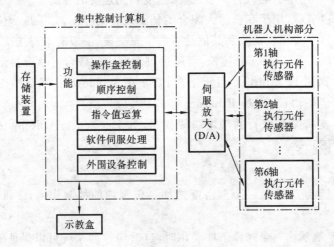

图 2-22　集中控制方式框图

2）主从控制

采用主、从两级处理器（计算机）实现系统的全部控制功能。主处理器实现管理、坐标变换、轨迹生成和系统自诊断等，从处理器实现所有关节的动作控制。其构成框图如图 2-23 所示。主从控制系统实时性较好，适用于高精度、高速度控制，但其系统扩展性较差，维修困难。

3）分散控制（decentralized control）

按系统的性质和运行方式将系统控制分成几个模块，每一个模块有不同的控制任务和控制策略，各模块之间可以是主从关系，也可以是平等关系。这种控制方式实时性好，易于实现高速、高精度控制，易于扩展，可实现智能控制，是目前流行的方式。其结构框图如图

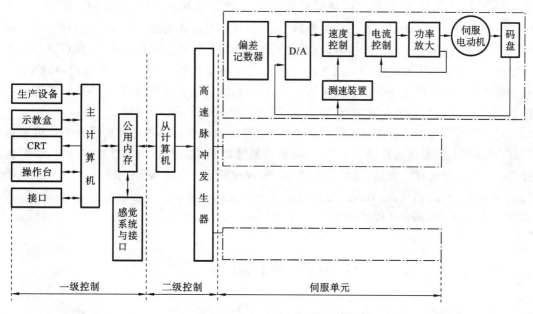

图 2-23　主从控制方式框图

2-24所示。其主要思想是"分散控制,集中管理",即系统对其总体目标和任务可以进行综合协调和分配,并通过子系统的协调工作来完成控制任务,整个系统在功能、逻辑和物理等方面都是分散的。分散控制系统又称为集散控制系统或分布式控制系统。这种结构中,子系统是由控制器和不同被控对象或设备构成的,各个子系统之间通过网络等相互通信。分散控制系统是一种开放、实时、精确的机器人控制系统。

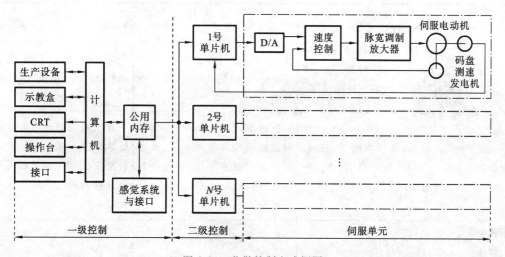

图 2-24　分散控制方式框图

分散控制系统常采用两级控制方式,通常由上位机、下位机和网络组成。上位机主要负责不同的轨迹规划和控制算法,下位机负责插补细分、控制优化等的研究和实现。上位机和下位机通过通信总线相互协调工作,通信总线可以采用 RS-232、RS-485、EEE-488 以及 USB总线等形式。现在,以太网和现场总线技术的发展为机器人提供了更快速、稳定、有效的通信服务。尤其是现场总线,它应用于生产现场,在微机化测量控制设备之间实现双向多节点数字通信,从而形成了新型的网络集成式全分布控制系统——现场总线控制系统 FCS (fieldbus control system)。在工厂生产网络中,将可以通过现场总线连接的设备统称为"现场设备/仪表"。从系统论的角度来说,工业机器人作为工厂的生产设备之一,也可以归纳为现场设备。在机器人系统中引入现场总线技术,更有利于机器人在工业生产环境中的集成。

分散控制系统的优点在于系统灵活性好,控制系统的危险性降低,采用多处理器的分散控制,有利于系统功能的并行执行,提高系统的处理效率,缩短响应时间。

对于具有多自由度的工业机器人而言,集中控制把各个控制轴之间的耦合关系处理得很好,可以很容易地进行补偿。但是,当轴的数量增加到使控制算法变得很复杂时,其控制性能会变差甚至恶化。而且,当系统中轴的数量或控制算法变得很复杂时,可能会导致系统的重新设计。与之相比,分散控制结构中的每一个运动轴都由一个控制器处理,这意味着,系统有较少的轴间耦合和较高的重构性。

任务三　驱　动　系　统

工业机器人的驱动系统直接驱动机器人各运动部件动作。通过学习本任务,我们将了解工业机器人的驱动系统是如何工作的。

1. 分类

工业机器人的驱动系统按动力源可分为液压式、气动式和电动式三大类,如表 2-1 所示。根据需要,也可由这三种基本类型组合成复合式的驱动系统。

表 2-1　三种驱动系统的特点及适用范围

驱动类型	液压驱动	气动驱动	电动驱动
传动性能	适合中、大功率传动,传动平稳、无冲击;可达较高速度;液体不可压缩,故响应性能好	适合小功率传动;可达较高速度;但高速时有冲击,气体有可压缩性,阻尼效果差,故平稳性差	适合中、小功率传动,传动平稳、灵活、快速
控制性能	控制、调节环节简单,在高、低速下都可将位置、速度控制到精确值。常用于伺服控制	控制、调节环节简单;在高速时要设缓冲或制动装置,低速时不易控制速度;位置控制难以达到精确值。一般不能用于伺服控制	直流伺服电动机控制较简单,交流伺服电动机控制较复杂;速度、位置都可控制到精确值。常用于伺服控制
快速响应性能	很高	较高	很高
效率	0.3(节流调速)~0.6(容积调速)	0.15	0.5
安全性能	防爆性能好,液压油泄漏后有发生火灾的危险	防爆性能好	交流电动机防爆性能好;直流电动机电刷产生火花,不防爆

续表

驱动类型	液压驱动	气动驱动	电动驱动
结构性能	执行机构(直线缸、摆动缸、液压马达)可做成独立的标准件,易实现直接驱动;相同条件下,体积小、质量小、惯量小;密封问题较明显,泄漏会影响工作性能和污染环境,需要液压站	执行机构(直线气缸、摆动气缸、气动马达)可做成独立的标准件,易实现直接驱动;相同条件下,压力小(一般小于1 MPa),输出力小;密封问题不突出,泄漏对环境无污染,需要气源供给系统	电动机是标准件,结构性能好,除特殊电动机(直接驱动电动机、大力矩电动机)外,一般电动机都要加减速器,不能直接驱动;加减速器后体积、惯量变大
安装维护	安装维护要求高。温度升高时,油液黏度降低,影响工作性能,需用冷却装置;油液要定期过滤、更换;密封件要定期更换;油的泄漏会影响工作性能,易发生火灾	安装要求不太高。能在高温、多粉尘条件下工作,无发热、爆炸、火灾等问题;维护简单,要求过滤水分,注意系统润滑、防锈问题	安装要求随传动方式而异。无管路系统,维护方便,对直流电动机要定时调整、更换电刷及注意防爆问题
成本	高	低	高
在工业机器人中的应用	适用于重载、低速驱动,电液伺服系统适用于搬运、点焊等机器人,以及喷涂机器人等	适用于小负载驱动,精度要求较低的有限点位程序控制机器人,如冲压机器人、机器人本体的气动平衡及装配机器人气动夹具	适用于中小负载,要求具有较高的位置控制精度和速度的机器人,如交流伺服喷涂机器人、点焊机器人、弧焊机器人、装配机器人等

2. 液压驱动

在机器人的发展过程中,液压驱动是较早被采用的驱动方式。被认为是首先问世的商业化机器人 Unimate 就是液压机器人。液压驱动主要用于中、大型机器人和有防爆要求的机器人(如喷涂机器人)。液压驱动系统由液压站、执行机构、控制调节元件、辅助元件等组成。

1) 液压站

通常把由油箱、油泵、滤油器和压力表等构成的单元称为液压站。液压站通过电动机带动油泵,把油箱中的低压油变为高压油,供给液压执行机构。机器人液压系统的油液工作压力一般为 7～14 MPa,常用的是 7 MPa。

2) 执行机构

液压系统的执行机构分为直线油缸和回转油缸。回转油缸又称为液压马达,其中转角小于 360°的称为摆动油缸。机器人运动部件的直线运动和回转运动,绝大多数都直接用直线油缸和回转油缸驱动,这叫作直接驱动。有时,由于结构的需要,也可以用直线油缸或回转油缸经转换机构产生回转或直线运动。

3) 控制调节元件

包括控制整个液压系统压力的溢流阀,控制油液流向的二位三通电磁阀、二位四通电磁阀、单向阀,调节油液流量(速度)的单向节流阀、单向行程节流阀等控制元器件。

4) 辅助元件

包括蓄能器、管路、管接头等。

液压机器人中应用较多的是电液伺服驱动系统,由电液伺服阀、液压缸及反馈部分构成。电液伺服驱动系统的作用是通过由电气元件与液压元件组合在一起的电液伺服阀,把输入的微弱电控制信号经电气机械转换器(力矩马达)变换为力矩,经放大后去驱动液压阀,进而达到控制液压驱动缸高压液流的流量(决定驱动缸活塞的移动速度或转子的转速)和压力(决定驱动缸的推力或转矩)的目的,并借助反馈部分,构成高响应速度、高精度的液压闭环伺服驱动系统。

3. 气动驱动

机器人气动驱动系统以压缩空气为动力源。气动驱动机器人具有气源方便、系统结构简单、动作快速灵活、不污染环境、维修方便便宜,以及适合在恶劣工况(高温、有毒、多粉尘)下工作等特点,常用于冲床上下料、小型零件装配、食品包装及电子元件输送等作业。由于气体可压缩,遇阻时具有容让性,因此也常用作机器人手部的驱动源。气动驱动系统由气源、控制调节元件、辅助元件、气动执行机构等组成。

1) 气源

气动机器人可直接使用工厂压缩空气站的气源,或自行设置气源。一般使用的气体的压力为 0.5~0.7 MPa,流量为 200~500 L/h。

2) 控制调节元件

包括气动阀(常用的有电磁气阀、节流阀、减压阀)、快速排气阀、调压器、制动器、限位器等。

(1) 制动器。

由于气缸活塞的速度较高(可达 1.5 m/s),因此要求机器人准确定位时,需采用制动器。制动方式有反压制动、制动装置(气动节流装置、液压阻尼或弹簧式阻尼机构)制动。

(2) 限位器。

包括限位开关(接触式和非接触式)及限位挡块式锁紧机构(插销、滑块等)。

3) 辅助元件

包括空气过滤器、减压阀、油雾器、贮气罐、压力表、管路等。通常把空气过滤器、油雾器和减压阀做成组装式结构,称为气动三联件。

4) 气动执行机构

机器人中用的气动执行机构是直线气缸、摆动气缸和气动马达。直线气缸分单作用气缸和双作用气缸两种。多数机器人用双作用气缸,少数用单作用气缸,如手爪机构。限角度的摆动气缸主要用于机器人的回转关节,如腕关节。

4. 电动驱动

现代工业机器人的技术发展趋势之一是采用电动驱动系统。电动驱动系统具有电能容易获得、导线传导方便、清洁无污染等优点,而且驱动电动机与它的控制系统具有相同的工作物理量——电,连接、变换快捷方便。由于适合工业机器人的驱动电动机品种日益增多,性能不断提高,因此负荷为 1000 N 以下的中、小型机器人,绝大部分现已采用了电动驱动系统。

电动驱动系统的主要组成部分有位置控制器、速度控制器、信号和功率放大器、驱动电动机、减速器,以及构成闭环伺服驱动系统不可缺少的位置和速度检测(反馈)部分。采用步进电动机的驱动系统则没有反馈环节,构成的是开环系统。

工业机器人常用的驱动电动机分为三大类：直流伺服电动机、交流伺服电动机、步进电动机。直流伺服电动机的控制电路较简单，系统价格较低，但早期的直流电动机都有电刷，电刷在工作过程中会磨损，需定时调整及更换，既麻烦又影响性能，还会产生火花，易引爆可燃物质（如漆雾、粉尘等），有时不够安全。近年来，大功率集成电路技术的进步，推动了无刷直流电动机的迅速推广。交流伺服电动机结构较简单，无电刷，运行安全可靠，但控制电路较复杂，系统价格较高。步进电动机是以电脉冲使其转子产生转角的，控制电路较简单，也不需要检测反馈环节，因此价格较低，但步进电动机的功率不大，不适合于大负荷的机器人。

任 务 四　传 感 系 统

机器人的控制系统相当于人类的大脑，执行机构相当于人类的四肢，传感系统相当于人类的感觉器官。因此，机器人传感技术要让机器人像人一样接收和处理外界信息，是机器人智能化的重要体现。通过学习本任务，我们将了解工业机器人的传感系统。

工业机器人上应用的各种传感器就像人体的各种感觉器官，能够及时反映机器人自身和相关对象及环境的各种状态，以便实现机器人自动而准确的操作。

1. 传感器的分类

工业机器人传感器主要可以分为视觉、听觉、触觉、力觉和接近觉等几类。不过从人类生理学观点来看，人的感觉可分为内部感觉和外部感觉，类似地，工业机器人传感器也可分为内部传感器和外部传感器，具体如图 2-25 所示。

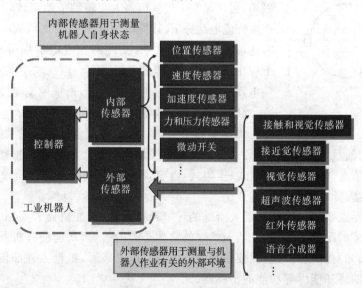

图 2-25　工业机器人传感器分类

1）内部传感器

机器人内部传感器的功能是测量机器人的运动学和动力学参数，使机器人能够按照规定的位置、轨迹和速度等参数工作，感知自己的状态并加以调整和控制。内部传感器通常由位置传感器、位移传感器、速度传感器、加速度传感器等组成。

（1）位置传感器和位移传感器。

对关节的位置控制是工业机器人最基本的控制要求，而对位置和位移的检测也是机器人最基本的感觉要求。

位移可分为线位移和角位移，线位移是指机构沿着某一条直线运动的距离，角位移是指机构沿某一定点转动的角度。位移传感器根据其工作原理和组成的不同有多种形式，常见的位移传感器类型有电阻式位移传感器、电容式位移传感器、电感式位移传感器、编码式位移传感器、霍尔元件位移传感器、磁栅式位移传感器等。

位置传感器有时也被叫作接近开关，和位移传感器不一样，它所测量的不是一段距离的变化量，而是通过检测，确定机器人是否已到达某一位置。因此，它不需要产生连续变化的模拟量，只需要产生能反映某种状态的开关量就可以了。位置传感器分为接触式和接近式两种。接触式位置传感器能获取两个物体是否接触的信息，接近式位置传感器用来判别在某一范围内是否有某一物体。常见的位置传感器有电磁（感）式位置传感器、光电式位置传感器、霍尔元件位置传感器、超声波位置传感器等。

（2）速度传感器。

单位时间内位移的增量就是速度。速度包括线速度和角速度，与之相对应的就有线速度传感器和角速度传感器，统称为速度传感器。速度传感器按安装形式分为接触式和非接触式两类，常用的有磁电式、光电式、离心式、霍尔元件等速度传感器。

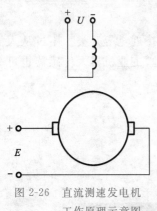

图 2-26　直流测速发电机
工作原理示意图

机器人中最常用的速度传感器是测速发电机，它分为直流式和交流式两种。直流测速发电机在结构上就是一台小型直流发电机，其励磁方式分为他励式与永磁式两类。图 2-26 所示为直流测速发电机工作原理，在励磁绕组中通以直流电，形成恒定磁场，当测速发电机被机器人回转轴带动旋转时，电枢绕组中就产生感应电动势 E（其数值与转速成正比），从而使机器人获得转速信息。在机器人中，交流测速发电机用得不多，多数情况下应用的是直流测速发电机，而且往往是把它直接和机器人驱动电动机的一个轴端组装在一起，形成驱动-测速单元。

（3）加速度传感器。

加速度传感器是一种能够测量加速度的传感器，一般分为两大类，一类是测量角加速度的，另一类是测量直线加速度的。加速度传感器用于为机器人动态控制提供信息，常用的有压电式、压阻式、电容式、伺服式等几种。

2）外部传感器

外部传感器主要用来检测机器人所处的环境及目标状况，如机器人周围有什么物体、机器人离目标物体的距离有多远、机器人抓取的物体是否滑落等，从而使得机器人能够与环境发生交互作用，并对环境具有自我校正和适应能力。广义来看，机器人外部传感器就是具有如同人类五官的感知能力等功能的传感器。

2. 传感器的要求

工业机器人对传感器的要求如下。

1）高精度和高可靠性

工业机器人在传感系统的帮助下，能够自主完成人类指定的工作。如果传感器的精度稍差，便会直接影响机器人的作业质量；如果传感器不稳定，或者可靠性不高，也很容易导致机器人出现故障,轻则导致工作不能正常完成,严重时还会造成重大事故。

2) 抗干扰能力强

工业机器人的传感器往往工作在复杂的环境中,因此要求传感器具有抗电磁干扰,能在灰尘和油垢等恶劣环境中长时间工作的能力。

3) 质量小、体积小

对于安装在机器人手臂等运动部件上的传感器,其质量一定要小,否则会加大运动部件的惯性,影响机器人的运动性能。对于工作空间受到某种限制的机器人,对传感器的体积和安装方式的要求也是必不可少的。

3. 视觉传感器

视觉传感器是工业机器人最重要的传感器之一。工业机器人的视觉系统包括视觉传感器、数据采集、数据传输、图像处理系统、计算机等部分,其结构框图如图 2-27 所示。机器人视觉系统的工作过程包括图像获取、图像处理和图像输出。

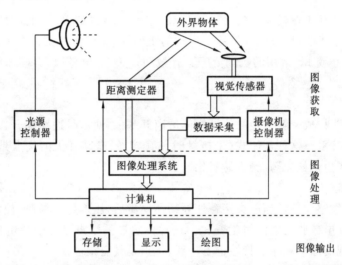

图 2-27　工业机器人的视觉系统框图

工业机器人几乎都采用工业摄像机作为视觉传感器。最初是用光导摄像管的摄像机,后来逐渐被固体摄像机所取代。按不同芯片类型划分,工业摄像机分为 CCD 摄像机和 CMOS 摄像机。CMOS 摄像机可以将光敏元件、放大器、A/D 转换器、存储器、数字信号处理器和计算机接口控制电路集成在一块硅片上,具有结构简单、处理功能多、速度快、耗电低、成本低等特点。但 CMOS 摄像机存在成像质量差、像敏单元尺寸小、填充率低等问题。1989 年后出现了“有源像敏单元”结构,不仅有光敏元件和像敏单元的寻址开关,而且还有信号放大和处理等电路,提高了光电灵敏度,减小了噪声,扩大了动态范围,使得 CMOS 摄像机在参数方面与 CCD 摄像机相近,而在功能、功耗、尺寸和价格方面要优于 CCD 摄像机,CMOS 摄像机于是逐渐得到广泛的应用。

图像处理系统或计算机的作用是执行图像处理及软件分析,调用根据检测功能所特别设计的一系列图像处理及分析算法模块,对图像数据进行复杂的计算和处理,最终得到系统设计所需要的信息,然后通过与之相连接的外部设备以各种形式输出检测结果及响应。其外部输出设备可以包括显示器、网络、打印机、报警器及各种控制信号。

视觉传感器在机器人中的功能分为以下三个方面。

（1）进行位置测量，如装配时要找到装配对象，并测量装配对象的位姿。

（2）进行图像识别，了解目标对象的特征，以同其他物体相区别。

（3）进行检验，了解加工结果，检查装配好的部件在形状和尺寸方面是否有缺陷等。

4. 听觉传感器

听觉也是机器人的重要感觉之一。由于计算机技术及语音学的发展，现在已经部分实现用机器代替人耳。机器人不仅能通过语音处理及辨识技术识别讲话人，还能正确理解一些简单的语句。

机器人听觉系统中，听觉传感器的基本形态与麦克风相同，这方面的技术已经非常成熟，常用的传感器主要有动圈式传感器和光纤声传感器。因此，关键问题还是在于声音识别，即语音识别技术。它与图像识别同属于模式识别领域，而模式识别技术就是最终实现人工智能的主要手段。

5. 触觉传感器

触觉传感器装在工业机器人的运动部件或末端操作器（如手爪）上，用以判断机器人是否和目标物体发生了接触，以保证机器人运动的正确性，实现合理抓握或防止碰撞。传感器的输出信号常为 0 或 1。常用的触觉传感器有微动开关、导电橡胶、含碳海绵、碳素纤维、气动复位式装置等。

1) 微动开关

由弹簧和触头构成。触头接触外界物体后离开基板，使信号通路断开，系统从而测到机器人与外界物体接触。这种常闭式（未接触时一直接通）微动开关的优点是使用方便、结构简单，缺点是易产生机械振荡、触头易氧化。

2) 导电橡胶

导电橡胶为敏感元件。当触头接触外界物体受压后，压迫导电橡胶，使它的电阻发生改变，从而使流经导电橡胶的电流发生变化。这种传感器的缺点是由于导电橡胶的材料配方存在差异，其出现的漂移和滞后特性也不一致，优点是具有柔性。

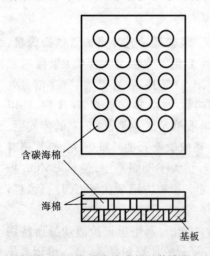

含碳海棉

海棉

基板

图 2-28　含碳海绵式触觉传感器

3) 含碳海绵

在基板上装有海绵构成的弹性体，在海绵中按阵列布以含碳海绵，如图 2-28 所示。接触物体受压后，含碳海绵的电阻减小，测量流经含碳海绵电流的大小，可确定受压程度。这种传感器也可用作压觉传感器。其优点是结构简单、弹性好、使用方便，缺点是碳素分布的均匀性直接影响测量结果、受压后恢复能力较差。

4) 碳素纤维

上表层为碳素纤维，下表层为基板，中间装以氨基甲酸酯和金属电极。接触外界物体时，碳素纤维受压与电极接触而导电。其优点是柔性好，可装于机械手臂曲面处，缺点是滞后较大。

5) 气动复位式装置

它有柔性绝缘表面，受压时变形，脱离接触后则由压缩空气作为复位的动力。与外界物体接触时，其内部的弹性圆泡（铍铜箔）与下部触点接触而导电。其优点是柔性好、可靠性高,缺点是需要压缩空气源。

6. 力觉传感器

力觉是指工业机器人对指、肢和关节等在运动中所受的力的感知。力觉传感器用于测量机器人自身或与外界相互作用而产生的力或力矩,通常装在机器人各关节处。机器人的作业过程是一个与周围环境交互的过程,其力觉传感器可分为非接触式和接触式两类。弧焊、喷漆等为非接触式,基本不涉及力;拧螺钉、点焊、装配、抛光、加工等为接触式,需监控作业过程中力的大小。

力觉传感器使用的主要元件是电阻应变片。通常我们将机器人的力觉传感器分为以下三类。

1) 关节力传感器

装在关节驱动器上的力传感器,称为关节力传感器,用于控制运动中的力反馈。图 2-29所示为一种应变式关节力传感器的结构。

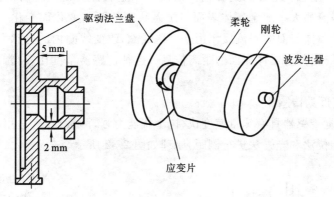

图 2-29　应变式关节力传感器的结构示意图

2) 腕力传感器

装在末端执行器和机器人最后一个关节之间的力传感器,称为腕力传感器,如图 2-30所示。

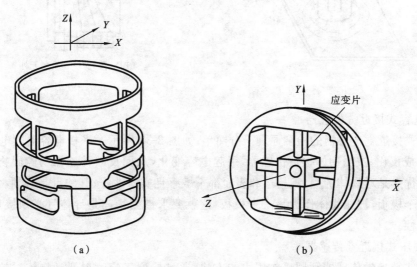

（a）　　　　　　　　　（b）

图 2-30　两种腕力传感器

（a）筒式六自由度腕力传感器　（b）挠性件十字排列腕力传感器

3) 指力传感器

装在机器人手爪指关节上,用来测量夹持工件时的受力情况,测量范围较小,在结构上要求小巧。

7. 接近觉传感器

接近觉传感器的感知范围一般是几毫米至几十厘米,它一般都装在机器人的手部,是一种非接触式测量元件。机器人利用接近觉传感器,可以感觉到近距离的目标对象或障碍物,能检测出物体的距离、相对倾角甚至表面状态,可以避免碰撞,实现无冲击接近和抓取操作。接近觉传感器比视觉传感器和触觉传感器简单,应用也比较广泛。目前,接近觉传感器有电磁感应式、光电式、电容式、气压式、超声波式、红外式以及微波式等多种类型。

1) 电磁感应式接近觉传感器

电磁感应式接近觉传感器的原理如图 2-31 所示。当金属物体接近传感器时,变化的磁场将在金属体内产生感应电流。这种电流的流线在金属体内是闭合的,所以称为涡旋电流(简称涡流),而涡流的大小随金属体表面与励磁线圈的距离变化而变化。当检测线圈内通以高频电流时,金属体表面的涡流反作用于励磁线圈,改变线圈内的电感大小。通过检测电感便可获得励磁线圈与金属体表面的距离信息。这种传感器精度比较高,响应快,可以在高温环境中使用。

2) 光电式接近觉传感器

光电式接近觉传感器具有测量速度快、抗干扰能力强、测量点小、适用范围广等优点,通常使用三角法、相位法和光强法进行测距,原理如图 2-32 所示。

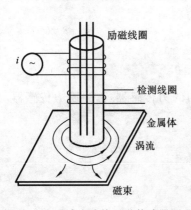

图 2-31 电磁感应式接近觉传感器原理

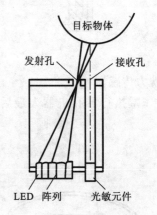

图 2-32 光电式接近觉传感器原理

3) 电容式接近觉传感器

电容式接近觉传感器的检测原理十分简单,如图 2-33 所示。平板电容器的电容 C 与极板距离 d 成反比,被测物体接近传感器,引起电容变化,从而反映传感器与障碍物的接近度信息。其优点是对物体的颜色、构造和表面都不敏感且实时性好;其缺点是必须将传感器本身作为一个极板,被测物体作为另一个极板,这就要求被测物体是导体且必须接地,大大降低了实用性。

4) 气压式接近觉传感器

气压式接近觉传感器利用反作用力的方法,通过检测气流喷射遇到物体时的压力变化来检测机器人和物体之间的距离。它的工作原理是当喷嘴靠近物体时,其内部压力会发生

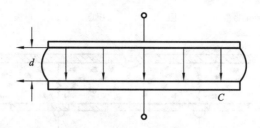

图 2-33　电容式接近觉传感器原理

变化,距离越近,压力越大。这种传感器的测量对象可以不是金属物体,它尤其适用于测量微小的间隙,但其本身结构复杂,不适合测量较小的物体。

5) 超声波式接近觉传感器

这种传感器是基于仿生学原理制成的,主要由压电晶体构成,可以采用收发一体方式,也可以采用收发分离的方式。它的工作原理是测量时间,再由时间和介质中的声速求得目标物体与传感器的距离。

6) 红外式接近觉传感器

用被调制的红外光照射物体,反射回来的红外光由接收透镜接收,通过计算可以得到物体的位置信息。常用这种传感器探测机器人是否靠近操作人员或其他热源,以起到安全保护和改变机器人行走路径的作用。

7) 微波式接近觉传感器

利用雷达探测点原理,由发射机发出的调频连续波遇到障碍物后反射,由接收机接收,再利用三角测量原理,就可以得到障碍物的位置信息。

8. 压觉传感器

压觉传感器是测量机器人接触外界物体时所受压力和压力分布的传感器。它有助于机器人对接触对象的几何形状和硬度进行识别。压觉传感器的敏感元件可由各类压敏材料制成,常用的有压敏导电橡胶、由碳纤维烧结而成的丝状碳素纤维片和绳状导电橡胶的排列面等。图 2-34 所示是以压敏导电橡胶为基本材料的压觉传感器。在导电橡胶上面附有柔性保护层,下部装有玻璃纤维保护环和金属电极。在外界压力作用下,导电橡胶的电阻发生变化,使基底电极中的电流相应变化,传感器从而检测出与压力有一定关系的电信号及压力分布情况。通过改变导电橡胶的渗入成分可控制电阻的大小,例如渗入石墨可加大电阻,渗碳、渗镍可减小电阻。通过合理选材和加工可制成高密度分布式压觉传感器,这种传感器可以测量细微的压力分布及其变化,故被称为"人工皮肤"。

9. 滑觉传感器

一般可将机械手抓取物体的方式分为硬抓取和软抓取两种。硬抓取时末端操作器利用最大的夹紧力抓取工件;软抓取时末端执行器使夹紧力保持在能稳固抓取工件的最小值,以免损伤工件。软抓取时机器人要抓住物体,必须确定最适当的握力大小,因此,需检测出握力不够时物体的滑动,利用这一信号,在不损坏物体的情况下牢牢抓住物体。

滑觉传感器用于判断和测量机器人抓握或搬运物体时物体所产生的滑移。它实际上是一种位移传感器,按有无滑动方向检测功能可分为无方向性、单方向性和全方向性三类。

(1) 无方向性滑觉传感器有探针耳机式,它由蓝宝石探针、金属缓冲器、压电罗谢尔盐晶体和橡胶缓冲器组成。物体滑动时探针产生振动,由压电罗谢尔盐晶体将其转换为相应

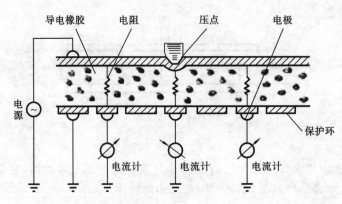

图 2-34　高密度分布式压觉传感器

的电信号。缓冲器的作用是减小噪声。

（2）单方向性滑觉传感器有滚筒光电式，被抓物体的滑移使滚筒转动，导致光敏二极管接收到透过码盘（装在滚筒的圆面上）的光信号，通过滚筒的转角信号测出物体的滑动信息。

（3）全方向性滑觉传感器采用表面包有绝缘材料并构成经纬式分布的导电区与不导电区的金属球，如图 2-35 所示。当物体滑动时，金属球发生转动，使球面上的导电区与不导电区交替接触电极，从而产生通断信号，通过对通断信号的计数和判断可测出滑移的大小和方向。这种传感器的制作工艺要求较高。

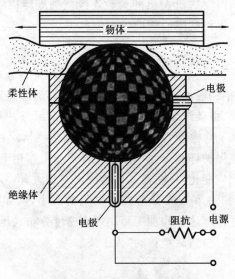

图 2-35　全方向性滑觉传感器

实训二　认识工业机器人系统

【实训设备】

工业机器人基础培训站多套（见图 1-25）。

【实训目的】

（1）掌握 KUKA KR16-2 机器人机械系统的组成和各部分的作用；

（2）了解 KUKA KR16-2 机器人的工作空间、末端法兰连接尺寸图；

（3）识别 KUKA KR16-2 机器人的控制系统、驱动系统、传感系统的关键部件。

【实训要求】

为了保证实训的质量和秩序，确保实训安全，提出如下实训要求。

（1）遵守实习现场所在单位的各项规章制度，维护良好的工作秩序，树立良好的形象。

（2）认真执行有关的安全守则及法规，确保实训中的人身安全和机器人等设备的正常运行。

（3）认真、务实地完成实训内容，密切联系实际，完善和巩固相关知识体系。

（4）认真撰写实训记录，遇到问题时及时、虚心向老师请教，珍惜实训时间。

（5）按时参加实训活动，遵守作息时间。

【实训课时】

4 课时。

【实训内容】

（1）识别 KUKA KR16-2 机器人底座、连杆臂、转盘、臂部、平衡配重、手部；

（2）了解 KUKA KR16-2 机器人的工作空间；

（3）了解 KUKA KR16-2 末端法兰连接尺寸；

（4）识别 KUKA KR16-2 机器人的控制系统、驱动系统、传感系统的关键部件。

图 2-36 所示为 KUKA KR16-2 机器人的运动链示意图，图 2-37 所示为其机械系统的零部件分解示意图，图 2-38 所示为其工作范围示意图，图 2-39 所示为其末端法兰连接尺寸示意图，图 2-40 所示为其控制柜与手持操作器。请根据前面所学的知识，指出 KUKA KR16-2 机器人的底座、连杆臂、转盘、臂部、平衡配重、手部、控制柜、手持操作器、驱动电动机、传感器等，并记录下相应器件的型号及参数。

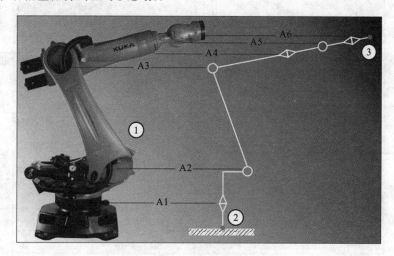

图 2-36　KUKA KR16-2 机器人运动链

①—机械手；②—运动链的起点：机器人足部；③—运动链的开放端：法兰；A1～A6—轴 1～6

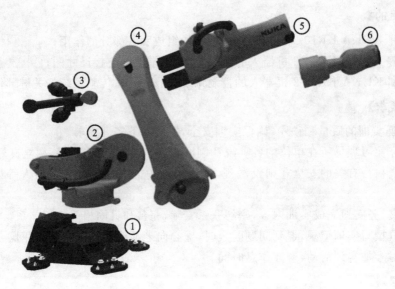

图 2-37　KUKA KR16-2 机器人机械系统零部件分解图
①—底座;②—转盘;③—平衡配重;④—连杆臂;⑤—臂部;⑥—手部

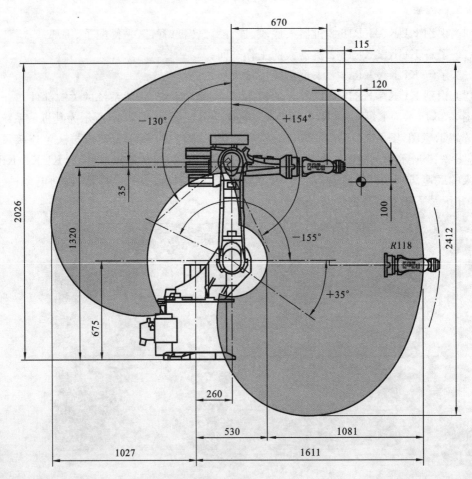

图 2-38　KUKA KR16-2 机器人的工作范围

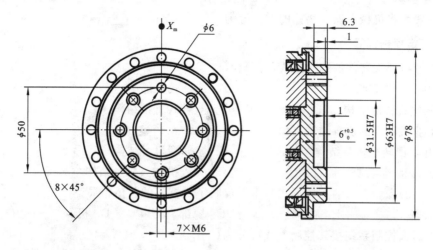

图 2-39 KUKA KR16-2 机器人的末端法兰连接尺寸

图 2-40 KUKA KR16-2 机器人的控制柜与手持操作器

思考与练习

一、填空题

1. 工业机器人的手部结构是多种多样的,大致可分为_____、_____、_____和其他手等。

2. 工业机器人臂部根据运动和布局、驱动方式、传动和导向装置的不同,可分为_____、_____、_____和其他专用的机械传动臂部结构。

3. 机器人的示教方式包括_____示教和_____示教两种。

4. 工业机器人的驱动系统,按动力源分为_____、_____和_____三大类。

5. 工业机器人常用驱动电动机分为_____、_____和_____三大类。

6. 工业机器人的传感器主要可以分为_____、_____、_____、_____和_____等几类。

7. 机器人中最常用的速度传感器是测速发电机,它分为_____和_____两种。

8. 力觉传感器使用的主要元件是_____。

9. 一般可将机械手抓取物体的方式分为_____和_____两种。

二、不定项选择题

1. 工业机器人臂部的结构形式,可分为( )。

A. 单臂式臂部结构   B. 连杆式臂部结构

C. 悬挂式臂部结构   D. 双臂式臂部结构

2. 工业机器人的机身结构有( )。

A. 升降回转型机身结构   B. 俯仰型机身结构

C. 直移型机身结构   D. 类人机器人机身结构

3. ( )和( )的配置形式基本上反映了机器人的总体布局。

A. 手部   B. 腕部   C. 臂部   D. 机身

4. 机器人控制系统按其控制方式可分为( )。

A. 集中控制系统   B. 主从控制系统   C. 分散控制系统   D. 过程控制系统

5. 机器人内部传感器通常由( )等组成。

A. 位置传感器   B. 角度传感器   C. 速度传感器   D. 加速度传感器

6. 工业机器人的视觉系统由( )等组成。

A. 视觉传感器   B. 数据传输   C. 计算机

D. 数据采集   E. 图像处理系统

7. 机器人的作业过程分为非接触式和接触式两类。下列作业中,( )为非接触式作业,( )为接触式作业。

A. 弧焊   B. 拧螺钉   C. 点焊   D. 装配

E. 喷漆   F. 抛光   G. 加工

8. 按有无滑动方向检测功能,机器人滑觉传感器可分为( )三类。

A. 无方向性   B. 单方向性   C. 双方向性   D. 全方向性

三、判断题

1. 工业机器人的机身是直接连接、支承和传动手臂及行走机构的部件。 ( )

2. 在工作过程中控制空间位置、速度、力或力矩等是工业机器人控制系统的主要工作任务。 ( )

3. 机器人电动驱动系统的主要组成部分有:速度控制器、信号和功率放大器、驱动电动机、减速器,以及构成闭环伺服驱动系统不可缺少的位置检测(反馈)部分。 ( )

4. 力觉是指工业机器人对指、腕、臂和机座等在运动中所受的力的感知。 ( )

5. 接近觉传感器一般都装在机器人腕部,是一种非接触式测量元件。 ( )

6. 机器人利用接近觉传感器避免碰撞,实现无冲击接近和抓取操作,因此接近觉传感器比视觉传感器和触觉传感器复杂。 ( )

7. 接触觉传感器装在工业机器人的运动部件或末端操作器(如手爪)上,用以判断机器人是否和物体发生了接触。 ( )

8. 机器人听觉系统中常用的传感器主要有动圈式传感器和光电传感器。 ( )

9. 工业机器人几乎都采用工业摄像机作为视觉传感器。按不同芯片类型划分,工业摄像机分为 CCD 摄像机和 CMOS 摄像机。 ( )

四、简答题

1. 工业机器人吸附式手部有哪几种？其应用范围如何？

2. 工业机器人腕部的自由度是哪几个？

3. 工业机器人的行走机构由哪些部分组成？常见的种类有哪些？

4. 工业机器人的控制系统有哪些功能？

5. 工业机器人的控制系统由哪些部分组成？各部分的作用是什么？

6. 分散控制系统的优点有哪些？

7. 工业机器人接近觉传感器的功能是什么？

8. 气压式接近觉传感器的特点有哪些？

项目三 工业机器人基本操作

【项目简介】

工业机器人的基本操作包含坐标系统、操作模式、信息查看、零点标定等内容。

【项目目标】

1. 知识目标

（1）了解坐标系统；

（2）掌握操作模式和信息查看；

（3）熟悉零点标定。

2. 能力目标

能够完成机器人的基本操作内容。

3. 情感目标

学会通过查看机器人信息来了解机器人的工作状态。

任务一 坐标系统

坐标系就是为确定机器人的位置和姿态而在机器人或空间上建立的位置坐标系统。工业机器人坐标系分为世界坐标系（world frame）、根坐标系（robroot frame）、基坐标系（base frame）、法兰坐标系（flange frame）和工具坐标系（tool frame），如图3-1所示。

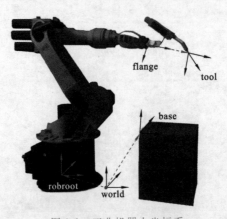

图 3-1 工业机器人坐标系

1) 世界坐标系

世界坐标系是被固定在空间上的标准直角坐标系,在机器人供货状态下与根坐标系一致。通常被固定在由系统规划事先确定的位置,可用来说明机器人在世界坐标系中的安装位置,是其他直角坐标系的基础。

2) 根坐标系

根坐标系是被固定在机器人足部的直角坐标系,其原点位置是由机器人系统确定的,是机器人的原点。

3) 基坐标系

基坐标系是一个可自由定义、由用户定制的直角坐标系,可用来说明基坐标在世界坐标系中的位置,一般用于工装测量。

4) 法兰坐标系

法兰坐标系是被固定在机器人法兰上的直角坐标系,其原点位置是由机器人系统确定的,为机器人法兰中心,是工具坐标系的参照。

5) 工具坐标系

工具坐标系是一个可自由定义、由用户定制的直角坐标系,其原点称为 TCP(tool center point),即工具中心点,用于工具测量。

任务二　操作模式

1. 机器人的操作模式

1) T1(手动慢速运行)

(1) 用于测试运行、编程和示教;

(2) 程序执行时的最高速度为 250 mm/s;

(3) 点动运行时的最高速度为 250 mm/s。

2) T2(手动快速运行)

(1) 用于工艺测试运行;

(2) 程序执行时的速度等于编程设定的速度;

(3) 点动运行无法进行。

3) AUT(自动运行)

(1) 用于不带上位控制系统的工业机器人;

(2) 程序执行时的速度等于编程设定的速度;

(3) 点动运行无法进行。

4) AUT EXT(外部自动运行)

(1) 用于带上位控制系统(PLC)的工业机器人;

(2) 程序执行时的速度等于编程设定的速度;

(3) 点动运行无法进行。

2. 操作模式的安全提示

1) 手动模式 T1 和 T2

手动模式用于调试工作。调试工作是指所有在机器人自动运行前,必须进行的相关测试工作,其中包括① 示教和编程;② 在手动模式下执行程序(测试和检验);③ 在新编程或修改程序后,必须先在 T1 模式下进行测试。

(1) 在 T1 模式下应注意如下安全问题。

① 监控操作人员防护装置(防护门)无效。

② 应尽可能减少在用防护装置隔离的区域内停留的人数。

③ 如果需要多个工作人员在用防护装置隔离的区域内停留,则必须注意以下事项:

● 所有人员必须能够不受妨碍地看到机器人系统;

● 必须保证每个工作人员都可以直接看到其他人;

● 操作人员必须选定一个合适的操作位置,使其可以看到危险区域并避开危险。

(2) 在 T2 模式下应注意如下安全问题。

① 监控操作人员防护装置(防护门)无效。

② 只有在必须以大于手动慢速运行的速度进行测试时,才允许使用此操作模式。

③ 在这种操作模式下不得进行示教。

④ 在测试前,操作人员必须确保使能装置的功能完好。

⑤ 通过 T2 模式运行,程序执行速度达到编程设定的速度。

⑥ 操作人员以及其他人员必须处于危险区域之外。

2) 自动和外部自动运行模式

(1) 必须配备安全防护装置,而且它们的功能必须正常;

(2) 所有人员应位于由防护装置隔离出的区域之外。

3. 操作模式的切换

操作模式的切换步骤如下。

(1) 将 KCP(KUKA 控制面板)上的模式选择开关置于图 3-2 所示的位置。

图 3-2 KCP 模式选择开关

(2) 选择操作模式,如图 3-3 所示。

图 3-3 选择操作模式

（3）将模式选择开关置于初始位置，已选定的模式会在 SmartPAD(示教器)的状态栏显示，如图 3-4 所示。

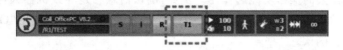

图 3-4　模式显示

任务三　信息查看

信息窗口和信息计数如图 3-5 所示。

图 3-5　信息查看

① 信息窗口：显示信息类型；
② 信息计数：显示各类型信息的数量。

1. 信息的类型

信息分为确认、状态、提示、等待和对话信息，各信息的含义如表 3-1 所示。

表 3-1　信息的类型及含义

图　标	类　型	含　义
✖	确认信息	显示需操作者确认后才可恢复程序执行的信息(如确认紧急停止)； 存在确认信息时，机器人停机或无法启动
❙	状态信息	显示控制器当前状态的信息(如紧急停止中)； 只要这种状态存在，状态信息就无法被确认
❙	提示信息	显示有关正确操作机器人的信息(如需要按启动按键)； 提示信息可被确认，但如果该信息不会导致控制器停机，也可不进行确认
◀	等待信息	说明控制器等待的事件，可以是状态、信号或时间； 可通过按模拟按键手动取消
?	对话信息	实现人机交互，例如相关信息的显示； 信息窗口中的各种按键，对应不同的回答方式

2. 信息的作用

信息会对机器人的操作功能起作用。例如,确认信息总是导致机器人停机或无法启动,为了使机器人运动,须先对确认信息予以确认。操作人员应慎重地使用"OK"(确认)按键,对机器人工况进行确认。

3. 处理信息

信息中始终包括日期和时间,以便为追溯相关事件提供准确的时间,如图 3-6 所示。

图 3-6 信息组成

查看及确认信息的操作步骤如下。

(1) 点按信息窗口①以展开信息列表。

(2) 确认信息。用"OK"按键②来对单条信息进行确认,或者用"全部 OK"按键③对所有信息同时进行确认。

(3) 再点按信息列表最上面的一条信息或点按屏幕左侧边缘上的"X",将信息列表关闭。

处理信息的过程中应注意以下问题。

(1) 仔细阅读信息。

(2) 首先阅读较早的信息,因为一些新信息很可能是之前的信息导致的。

(3) 切勿轻率地按下"全部 OK"按键。

(4) 尤其是在机器人启动后,应仔细查看信息列表。为了显示所有信息,只要点按信息窗口,即可展开信息列表。

任务四 零点标定

1. 零点标定的作用

仅在工业机器人充分和正确标定零点时,它的使用效果才会最好。因为只有这样,机器人才能达到它最高的点精度和轨迹精度,或者完全能够以编程设定的动作运动。

零点标定时,会给机器人每个轴分配一个基准值。这样机器人控制系统即可识别出轴位于何处。

完整的零点标定过程包括为每一个轴标定零点。通过技术辅助工具电子控制仪(electronic mastering device,EMD)可为任何一个轴在机械零点位置指定一个基准值(例如:0°),这样就可以使轴的机械位置和电气位置保持一致,所以每一个轴都有唯一的角度值。使用微电子控制仪 MEMD 可对小型机器人 Agilus 进行零点标定。

所有机器人的零点标定位置都是相似的,但不尽相同。零点的精确位置在同一型号的不同机器人之间也会有所不同。

如果机器人轴未经零点标定,则会严重限制机器人的功能,例如:

(1) 无法编程运行。不能沿编程设定的点运行。

(2) 无法进行笛卡尔坐标手动运行。不能在坐标系中移动。

(3) 软件限位开关关闭。对于已删除零点的机器人,其软件限位开关关闭,机器人可能会驶向终端止挡的缓冲器,由此可能受损,以至必须更换。所以应尽可能不运行删除零点的机器人,或尽量减小手动倍率。

机器人的六个轴如图 3-7 所示。部分系列机器人各轴机械零点位置的角度值(即基准值)如表 3-2 所示。

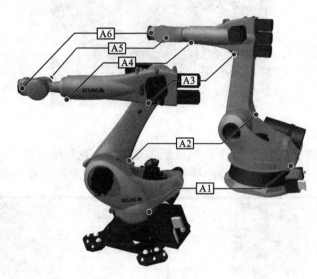

图 3-7　机器人的六个轴

表 3-2　部分系列机器人机械零点位置

轴	Quantec 系列	2000、KR16 系列
A1	−20°	0°
A2	−120°	−90°
A3	+110°	+90°
A4	0°	0°
A5	0°	0°
A6	0°	0°

2. 必须进行零点标定的情况

原则上,机器人必须时刻处于已标定零点的状态。在以下情况下必须进行零点标定:

(1) 在调试时;

(2) 在对参与定位值感测的部件(例如带分解器或 RDC 的电动机)采取了维护措施之后;

(3) 当未用控制系统(例如借助自由旋转装置)移动了机器人轴时;

(4) 更换齿轮箱后,机器人以高于 250 mm/s 的速度撞到终端止挡上之后,或者机器人与其他物体发生碰撞后,都必须先删除机器人的零点,然后重新标定。

3. 执行零点标定

零点标定可通过确定轴的机械零点的方式进行,如图 3-8 所示。

图 3-8 零点标定

在此过程中轴将一直运动,直至达到机械零点为止。这种情况出现在探针到达测量槽最深点时,如图 3-9 所示。每个轴都配有一个零点标定套筒和一个零点标定标记。

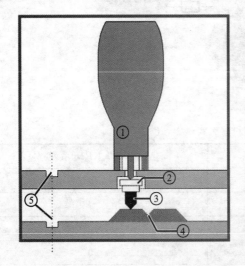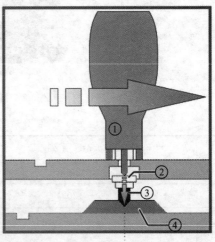

图 3-9 零点标记

①—EMD;②—零点标定套筒;③—探针;④—测量槽;⑤—零点标定标记

实训三 机器人运动

【实训设备】

库卡机器人实验样机。

【实训目的】

操作机器人进行单轴独立运动。

【实训要求】

(1) 掌握开机流程；

(2) 进行机器人单轴的独立运动操作；

(3) 熟悉机器人轴的正负方向。

【实训课时】

1 课时。

【实训内容】

(1) 选择点动运行的轴坐标系统，如图 3-10 所示。

(2) 设定点动速度倍率，如图 3-11 所示。

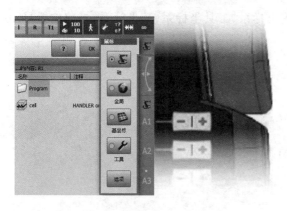

图 3-10　选择坐标系

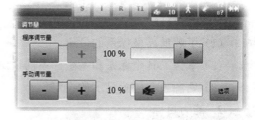

图 3-11　设定点动倍率

(3) 将使能开关按至中间挡位并保持，如图 3-12 所示。在点动按键旁的轴 A1 至 A6 将反绿显示。

(4) 按下正向或负向点动运行键，如图 3-13 所示，以使轴朝正向或负向运动。

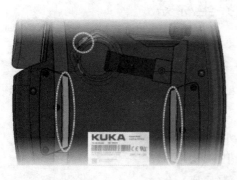

图 3-12　调节使能开关

图 3-13　运行键

思考与练习

1. 如何确认信息提示？

2. 机器人有哪些坐标系？各坐标系有什么特点？

3. 为什么要进行零点标定？

4. 机器人有哪些操作模式？

项目四 工业机器人坐标系设定

【项目简介】

工业机器人的坐标系设定内容包含世界坐标系、工具坐标系、基坐标系、当前位置显示等的设定。

【项目目标】

1. 知识目标

(1) 了解世界坐标系的设定；

(2) 掌握工具坐标系和基坐标系的设定；

(3) 熟悉当前位置显示的设定。

2. 能力目标

能够完成机器人坐标系的设定及机器人在坐标系下的运动。

3. 情感目标

学会从机器人当前位置显示了解机器人的坐标系位置。

任务一 世界坐标系

1. 世界坐标系中的运动

机器人工具(即末端操作器)可以依据世界坐标系的坐标方向运动，如图 4-1 所示。在此过程中，机器人所有轴都会参与运动。

以某 KUKA 机器人为例，世界坐标系的运动特点如下：

(1) 可使用点动按键或 KUKA SmartPAD 上的 6D 鼠标；

(2) 默认情况下，世界坐标系位于机器人足部(底座)；

(3) 运行速度可被修改(点动速度倍率：HOV)；

(4) 仅在 T1 模式下才能点动运行；

(5) 运动前须先按下使能按键；

(6) 操作 6D 鼠标可以很直接地控制机器人的运动，同时这也是在世界坐标系下控制机器人运动的理想方式；

(7) 6D 鼠标相对机器人本体的方位设置和受控自由度均可修改。

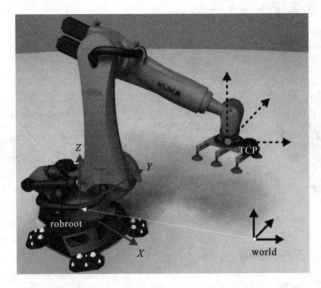

图 4-1　机器人在世界坐标系中的运动

2. 世界坐标系中的点动原则

（1）在世界坐标系下，控制机器人运动有如下两种方式，如图 4-2 所示。

① 沿坐标系的坐标轴方向平移（直线）：X、Y、Z。

② 环绕着坐标系的坐标轴方向转动（旋转/回转）：角度 A、B 和 C。

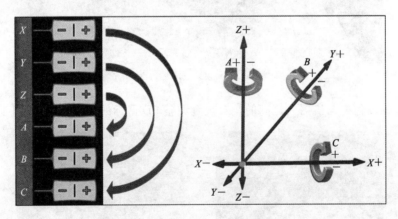

图 4-2　运动方向

　　机器人接收到一个运动命令时（例如按了点动按键后），控制器首先计算运动路径。路径的起点是工具中心点（TCP），路径的方向由世界坐标系给定。然后控制器控制所有轴的运动，使工具沿该路径运动（平移或转动）。

　　（2）使用世界坐标系的优点如下：

① 机器人的运动始终可预测；

② 因为原点和坐标方向是给定的，运动路径也就始终唯一；

③ 机器人只要经过零点标定，就可使用世界坐标系；

④ 通过 6D 鼠标操作运动，非常直观。

　　（3）所有运动方式都可通过 6D 鼠标控制。

① 平移:推拉 6D 鼠标,如图 4-3 所示。

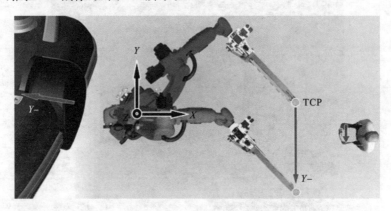

图 4-3　平移

② 转动:旋转 6D 鼠标,如图 4-4 所示。

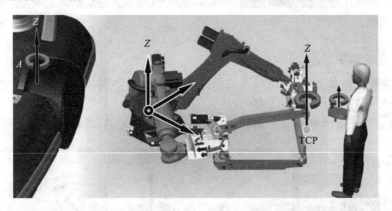

图 4-4　转动

③ 可根据操作者与机器人之间的相对位置调整 6D 鼠标的相对位置,如图 4-5 所示。

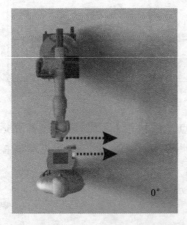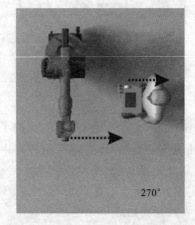

图 4-5　调整相对位置

3. 世界坐标系中的运动操作

(1) 通过移动滑块来调节 Kcp 的相对位置,如图 4-6 所示。

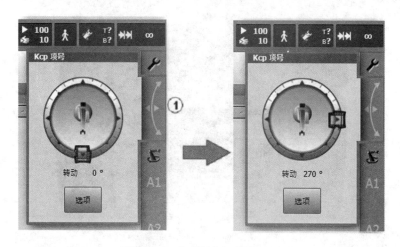

图 4-6　移动滑块调整位置

（2）选择世界坐标系作为 6D 鼠标的控制选项，如图 4-7 所示。

图 4-7　选择控制选项

（3）设定点动速度倍率，如图 4-8 所示。

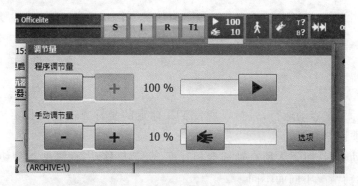

图 4-8　设定点动速度倍率

（4）将使能按键按至中间挡位并保持，如图 4-9 所示。

（5）用 6D 鼠标将机器人朝所需方向移动，如图 4-10 所示；或者使用点动按键，如图 4-11 所示。

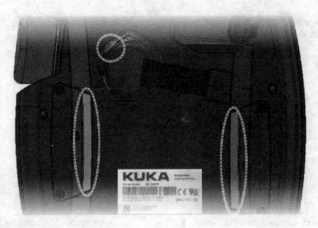

图 4-9　将使能按键按至中间挡位

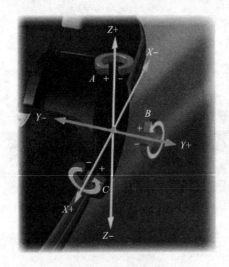

图 4-10　用 6D 鼠标移动机器人

图 4-11　用点动按键移动机器人

任务二　工具坐标系

1. 点动运行

在工具坐标系中点动运行,是指以所带工具标定的坐标方向移动机器人,如图 4-12 所示。坐标系并非固定的。

在机器人动作时,机器人所有轴都会相互配合,参与移动,而哪些轴会协调移动则由系统决定,并因运动情况不同而不同。

工具坐标系的原点即 TCP,并与工具的作业点相对应。

以某 KUKA 机器人为例,点动运行有如下特点:

(1) KUKA SmartPAD 上的点动按键和 6D 鼠标都可用于点动操作;

(2) 有 16 个工具坐标系可供使用;

(3) 运行速度可被修改(点动速度倍率:HOV);

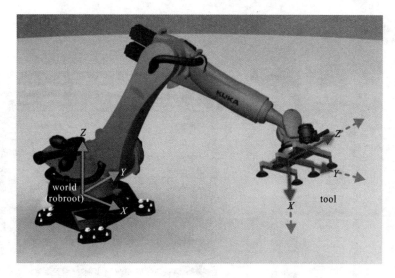

图 4-12　工具坐标系中的点动运行

（4）仅在 T1 模式下才能点动运行；

（5）运动前须先按下使能键；

（6）点动运行时，未经标定的工具坐标系等同于法兰坐标系，如图 4-13 所示。

图 4-13　法兰坐标系

2. 点动原则

（1）在工具坐标系中，机器人有如下两种运动方式。

① 沿坐标系的坐标轴方向平移（直线）：X、Y、Z。

② 环绕着坐标系的坐标轴方向转动（旋转/回转）：角度 A、B 和 C。

（2）使用工具坐标系的优点如下：

① 确定了工具坐标系，即可预测机器人的运动；

② 可以沿工具作业方向移动或者围绕 TCP 调整方向。工具作业方向是指工具的工作方向或者工序方向，例如：粘胶喷嘴的黏结剂喷出方向，抓取部件时的抓取方向，等等。

3. 工具坐标系中的运动操作

（1）选择使用工具坐标系，如图 4-14 所示。选择工具编号，如图 4-15 所示。

（2）设定点动速度倍率，如图 4-16 所示。将使能按键按至中间挡位并保持，如图 4-17 所示。

（3）用点动按键移动机器人，如图 4-18 所示；或者用 6D 鼠标将机器人朝所需方向移动，如图 4-19 所示。

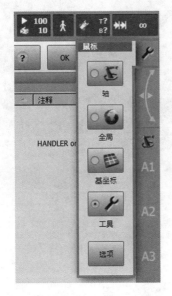

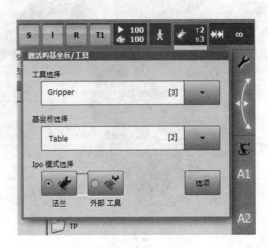

图 4-14　选择工具坐标系　　　　　　　　图 4-15　选择工具编号

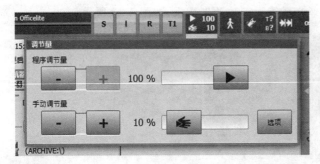

图 4-16　设定点动速度倍率　　　　　　　图 4-17　将使能按键按至中间挡位

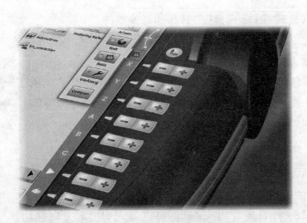

图 4-18　用点动按键移动机器人　　　　　图 4-19　用 6D 鼠标移动机器人

任务三　基坐标系

1. 基坐标系中的运动

基坐标系如图 4-20 所示。

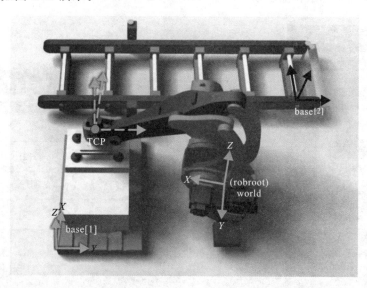

图 4-20　基坐标系

　　机器人的工具可以根据基坐标系的坐标方向运动,可独立标定基坐标系,并可沿工件边缘、工件支座或者货盘调整姿态,从而使运动更便利。

　　在机器人动作时,机器人所有轴都会相互配合,参与移动,而哪些轴会协调移动则由系统决定,并因运动情况不同而不同。

　　以某 KUKA 机器人为例,基坐标系的运动特点如下:

　　(1) KUKA SmartPAD 的点动按键或 6D 鼠标都可用于点动操作;

　　(2) 有 32 个基坐标系可供使用;

　　(3) 运行速度可被修改(点动速度倍率:HOV);

　　(4) 仅在 T1 模式下才能点动运行;

　　(5) 运动前须先按下使能键。

2. 点动原则

　　(1) 在基坐标系中,机器人有如下两种运动方式。

　　① 沿坐标系的坐标轴方向平移(直线):X、Y、Z。

　　② 环绕着坐标系的坐标轴方向转动(旋转/回转):角度 A、B 和 C。

收到一个运动命令时(例如按下点动按键后),控制器首先计算路径。该路径的起点是工具中心点(TCP),路径的方向由基坐标系给定。然后控制器控制所有轴的运动,使工具沿该路径运动(平移或转动)。

　　(2) 使用基坐标系的优点如下:

　　① 只要基坐标系已知,机器人的运动始终可预测;

②也可用6D鼠标直观操作,前提条件是操作人员必须相对机器人以及基坐标系正确站立;

③如果标定了正确的工具坐标系,则可在基坐标系中围绕TCP调整方向。

3. 基坐标系中的运动操作

(1)选择使用基坐标系,如图4-21所示。

(2)选择工具坐标系和基坐标系编号,如图4-22所示。

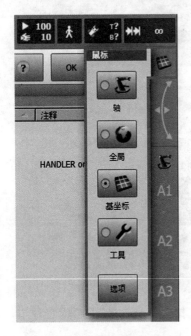

图4-21 选择基坐标系

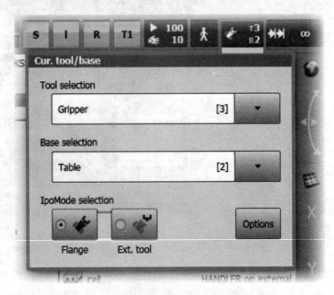

图4-22 选择工具坐标系和基坐标系编号

(3)设定点动速度倍率,如图4-23所示。

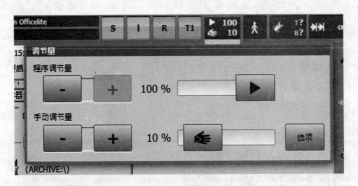

图4-23 设定点动速度倍率

(4)将使能按键按至中间挡位并保持,如图4-24所示。

(5)用点动按键朝所需的方向移动机器人,如图4-25所示;或者用6D鼠标来移动机器人,如图4-26所示。

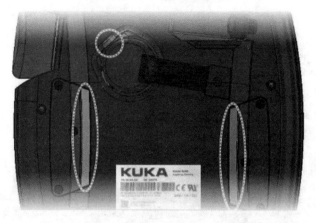

图 4-24　将使能按键按至中间挡位

图 4-25　用点动按键移动机器人

图 4-26　用 6D 鼠标移动机器人

任务四　当前位置显示

1. 显示方式

机器人当前位置可通过如下两种不同的方式显示。

（1）轴坐标显示，如图 4-27 所示。

AXIS_ACT={A1···,A2···,A3···,A4···,A5···,A6···,E1···,E2···,···,E6···}

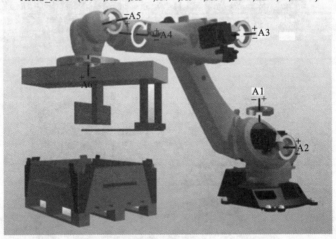

图 4-27　轴坐标显示

显示每个轴的当前轴角，即轴的当前位置与轴的零位之间的角度绝对值。

（2）笛卡尔坐标显示，如图 4-28 所示。

POS_ACT={X···,Y···,Z···,A···,B···,C···,S···,T···,E1···,···}

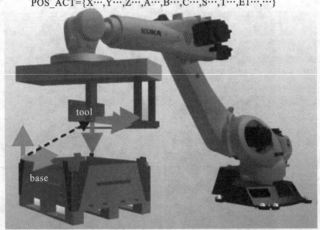

图 4-28　笛卡尔坐标显示

在当前所选的基坐标系中显示当前 TCP 的当前位置（工具坐标系）。在没有选择工具坐标系时，默认选择法兰坐标系；在没有选择基坐标系时，默认选择世界坐标系。

2. 不同基坐标系中 TCP 坐标位置

如图 4-29 所示,在三个示例中,机器人的位置相同,而 TCP 位置数据即坐标值却是完全不同的。

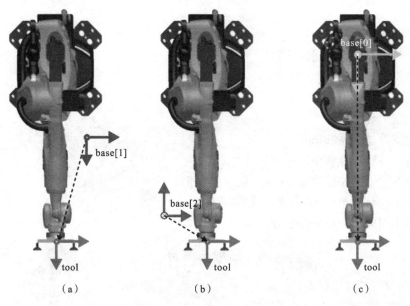

图 4-29　机器人位置与位置数据

在相应的基坐标系中显示工具坐标系即 TCP 的位置:图 4-29(a)为相对于基坐标系 1 原点的 TCP 位置坐标;图 4-29(b)为相对于基坐标系 2 原点的 TCP 位置坐标;图 4-29(c)为相对于基坐标系 0(即世界坐标系)原点的 TCP 位置。

所以,仅当选择了正确的基坐标系和工具坐标系时,笛卡尔坐标系中的实际位置显示值才是可参考的,有意义的。

3. 显示机器人位置

在菜单中选择"显示—实际位置",将显示笛卡尔坐标系实际位置。

选择"轴坐标",以显示轴坐标系实际位置。

选择"笛卡尔",以再次显示笛卡尔坐标系实际位置。

实训四　吸盘工作系统

【实训设备】

库卡机器人实验样机。

【实训目的】

操作机器人在世界坐标系、工具坐标系、基坐标系中运动,并显示机器人当前位置。

【实训要求】

(1)掌握开机流程。

（2）操作机器人在世界坐标系中运动。

（3）熟悉机器人在工具坐标系及基坐标系中的运动控制。

【实训课时】

1课时。

【实训内容】

（1）复位紧急停止按钮并确认。

（2）确保设置了 T1 操作模式。

（3）用吸盘吸附工件。

（4）激活工具坐标系"Pan"。

（5）激活基坐标系"Blue"。

（6）将工件移动至基坐标系"Blue"的原点。

（7）打开笛卡尔位置显示，观察当前位置数据。

（8）将工件移动至"Red"基坐标系的原点。

（9）显示当前笛卡尔坐标位置。

思考与练习

1. 如何设置操作坐标系？

2. 下面哪个图标代表世界坐标系？

3. 手动运行的速度设置叫什么？

4. TCP 是什么？

项目五　工业机器人编程

【项目简介】

工业机器人的编程包含运动指令、控制指令、程序文件使用、工艺软件包应用等内容。

【项目目标】

1. 知识目标

(1) 了解工业机器人编程语言；

(2) 掌握运动指令和控制指令的使用；

(3) 熟悉程序文件的使用和工艺软件包的应用。

2. 能力目标

能够完成工业机器人的编程任务。

3. 情感目标

学会工业机器人编程的方法和技巧。

任务一　运动指令

1. 运动指令的种类

有不同的运动方式可供编程使用，如图 5-1 所示。可根据对机器人工作流程的要求来进行运动示教编程。

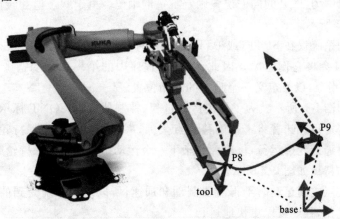

图 5-1　机器人运动（示教）

运动指令可分为两种:① 与轴相关的运动指令,即轴运动指令(SPTP);② 沿轨迹的运动指令,又包括 SLIN(线性)和 SCIRC(圆周)。

用示教方式对机器人运动进行编程时,必须输入相应的信息,如机器人的运动方式、位置、速度等。为此应使用联机表单,在该表格中可以很方便地输入这些信息,如图 5-2 所示。

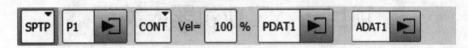

图 5-2 运动编程的联机表单

2. 轴运动指令(SPTP)

轴运动指令是点到点(point-to-point,PTP)的运动指令,其指令的轴相关的运动轨迹如图 5-3 所示。

轴相关的运动是指机器人将 TCP 沿最快速轨迹移动到目标点。最快速的轨迹通常并不是最短的轨迹,因而不是直线。由于机器人轴的旋转运动,因此弧形轨迹会比直线轨迹更快。所有轴同时启动也同步停下,但运动的具体过程不可预见。

主导轴是到达目标点所需时间最长的轴,如图 5-4 所示。这里也将联机表单中的速度一起考虑进去。

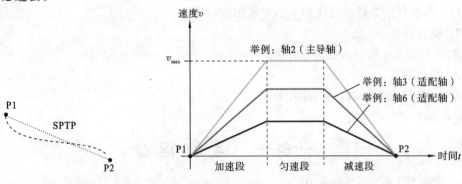

图 5-3　SPTP 指令轴的运动轨迹　　　　图 5-4　PTP(点到点)

轴运动指令程序中的第一个运动必须为 PTP 运动,因为只有在此运动中才可评估轴的状态和转向角。此运动指令常用于点焊、搬运等程序。状态(Status)和转向(Turn)用于从多个可能的轴位中为 TCP 的同一位置确定唯一的轴位。由于状态值和转向角不同,故轴位置不同,如图 5-5 所示。

机器人控制系统仅在 SPTP(或 PTP)运动时才会考虑编程设置的状态值和转向角,在轨迹运动(CP)时会将它们忽略。因此,轴运动程序中的第一个运动指令必须是一个完整 SPTP(或 PTP)指令,以便定义一个唯一的起始位置。

轨迹逼近如图 5-6 所示。为了加快运动过程,控制器能以 CONT 标示的运动指令进行轨迹逼近。轨迹逼近意味着将不精确移到点坐标,事先便离开精确保持轮廓的轨迹。TCP被引导沿着轨迹逼近轮廓运行,该轮廓止于下一个运动指令的精确保持轮廓。

轨迹逼近的特点如图 5-7 所示。

由于在这些点之间运动时不再需要制动和加速,所以运动系统受到的磨损减少。由此节拍时间得以优化,程序可以更快地运行。

为了能够执行轨迹逼近运动,控制器必须能够读入当前运动之后的运动语句,这一过程

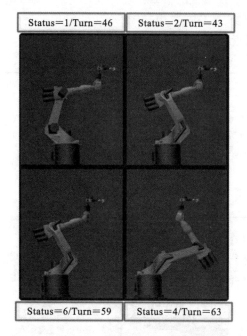

图 5-5　状态值与转向角

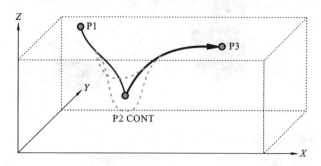

图 5-6　（S）PTP 点到点轨迹逼近

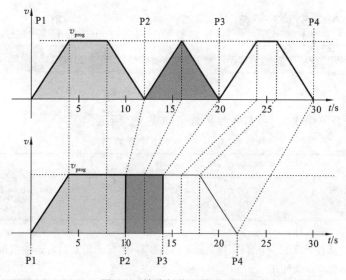

图 5-7　精确暂停和轨迹逼近

通过计算机预进读入实现。

SPTP 运动的轨迹逼近特征如表 5-1 所示。

表 5-1　SPTP 运动的轨迹逼近特征

运 动 方 式	特　征	设　置
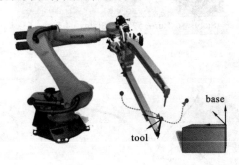	轨迹逼近不可预见	％或 mm

创建 SPTP 运动的操作步骤如下。

首先应确保已设置运行方式 T1，已选定机器人程序，然后按如下步骤操作。

（1）将 TCP 移向应被设为目标点的位置，如图 5-8 所示。

图 5-8　移动 TCP

（2）将光标置于其后应添加运动指令的那一行。

（3）选择菜单序列"指令—运动—SPTP"，或者在相应行中直接按下"运动"按键，出现 SPTP 联机表单选项窗口，如图 5-9 所示。

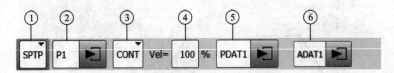

图 5-9　SPTP 联机表单选项窗口

（4）在联机表单中输入参数，各参数含义如表 5-2 所示。

表 5-2　SPTP 联机表单参数含义

序　号	含　义
①	运动方式： SPTP
②	目标点的名称： 系统会自动赋予一个名称，该名称可以被改写；需要编辑数据时请按三角形箭头图标，相关选项窗口即自动打开

序　　号	含　　义
③	CONT:目标点被轨迹逼近; ［空白］:将精确地移至目标点
④	速度: 数值范围为1%～100%
⑤	运动数据组名称: 系统会自动赋予一个名称,该名称可以被改写;需要编辑数据时请按三角形箭头图标,相关选项窗口即自动打开
⑥	通过切换参数可显示或隐藏该栏目含逻辑参数的数据组名称: 系统会自动赋予一个名称,该名称可以被改写。需要编辑数据时请按三角形箭头图标,相关选项窗口即自动打开

（5）在坐标系选项窗口中输入工具和基坐标系的正确数据,以及关于插补模式的数据（外部 TCP:开/关）和碰撞监控的数据,如图 5-10 所示。

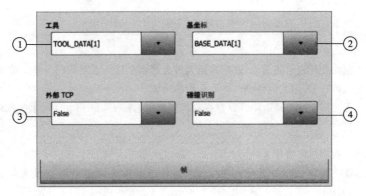

图 5-10　坐标系选项窗口

坐标系选项窗口各参数含义如表 5-3 所示。

表 5-3　坐标系选项窗口参数含义

序　　号	含　　义
①	选择工具: 如果外部 TCP 栏中显示 True,选择工件。值域为1～16
②	选择基坐标: 如果外部 TCP 栏中显示 True,选择固定工具。值域为1～32
③	外部 TCP: False 表示该工具已安装在连接法兰处;True 表示该工具为一个固定工具
④	碰撞识别: True 表示机器人控制系统为此运动计算轴的扭矩,用于碰撞识别; False 表示机器人控制系统不为此运动计算轴的扭矩,因此对此运动无法进行碰撞识别

（6）在移动参数选项窗口中可将加速度从最大值降下来,如图 5-11 所示。如果已经激活轨迹逼近,则也可以更改轨迹逼近距离。根据配置的不同,该距离的单位可以设置为mm 或%。

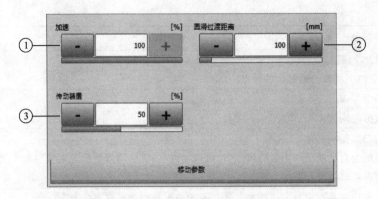

图 5-11 移动参数选项窗口

移动参数选项窗口的参数含义如表 5-4 所示。

表 5-4 移动参数含义

标　号	说　明
①	轴加速度： 数值以系统数据给出的最大值为基准，范围为 1％～100％
②	目标点之前的距离： 最早在此处开始轨迹逼近，此距离最大可为起点至目标点距离的一半。如果在此处输入了一个更大的数值，则此值将被忽略而采用最大值。 该栏无法用于 SPTP 运动。只有在联机表单中选择了 CONT 之后，才在 SPTP 单个运动时显示此栏
③	传动装置加速度变化率： 加速度变化率是指加速度的变化量，其数值以系统数据给出的最大值为基准，范围为 1％～100％

（7）TCP 的当前位置被作为目标示教，如图 5-12 所示。在按"指令 OK"按键或"Touch-up"按键时保存点坐标。

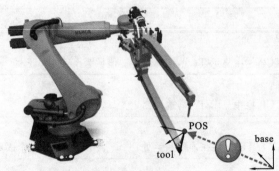

图 5-12 TCP 的当前位置被作为目标示教

3. 沿轨迹的运动指令

1）沿轨迹的运动

沿轨迹的运动有 SLIN 和 SCIRC 两种方式。

SLIN 运动方式如图 5-13 所示。

SLIN 为直线(linear)轨迹运动,工具的 TCP 按设定的姿态从起点匀速移动到目标点。此运动指令常应用于弧焊、涂胶等应用程序中。

SCIRC 运动方式如图 5-14 所示。

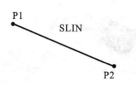

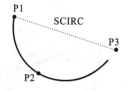

图 5-13　SLIN 运动方式　　　　图 5-14　SCIRC 运动方式

SCIRC 为圆弧(circular)轨迹运动,是通过起点、辅助点和目标点定义的,工具的 TCP 按设定的姿态从起点匀速移动到目标点。此运动指令的应用与 SLIN 相同。

2) 沿轨迹运动时的姿态导引

沿轨迹运动时可以准确定义姿态导引方式,工具在运动的起点和目标点处的方向可能不同。

(1) 在运动方式 SLIN 下的姿态导引有如下两种方式。

① 标准或手动 PTP:工具的方向在运动过程中不断变化。

在机器人以标准方式到达手轴奇点时就可以使用手动 PTP 方式,因为是通过手轴角度的线性轨迹逼近(按轴坐标的移动)进行姿态变化,如图 5-15 所示。

② 恒定:工具的姿态在运动期间保持不变,与在起点所示教的一样,如图 5-16 所示。在终点示教的姿态被忽略。

图 5-15　标准或手动 PTP　　　　　　　　图 5-16　恒定

(2) 在运动方式 SCIRC 下的姿态导引有如下两种方式。

① 标准或手动 PTP:以基准为参照,工具的方向在运动过程中不断变化。

在机器人以标准方式到达手轴奇点时就可以使用手动 PTP 方式,因为是通过手轴角度的线性轨迹逼近(按轴坐标的移动)进行姿态变化,如图 5-17 所示。

② 恒定:以基准为参照,工具的姿态在运动期间保持不变,与在起点所示教的一样,如图 5-18 所示。在终点示教的姿态被忽略。若以轨迹为参照,则如图 5-19 所示。

SCIRC 运动过程如下。

工具或工件的参考点沿着圆弧运动到目标点。轨迹则由起点、辅助点和结束点进行描述,如图 5-20 所示。此时,前一个运动指令的目标点也适合作为起点。辅助点中的工具姿态可忽略。

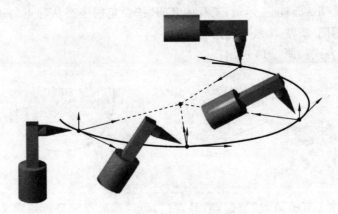

图 5-17　标准或手动 PTP

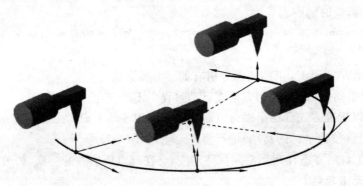

图 5-18　恒定（以基准为参照）

图 5-19　恒定（以轨迹为参照）

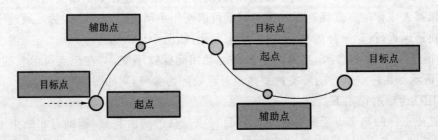

图 5-20　SCIRC 运动时的两段圆弧

3) 沿轨迹运动的轨迹逼近

在运动方式 SLIN 和 SCIRC 下进行轨迹逼近,其特征如表 5-5 所示。

轨迹逼近功能不适用于生成圆周运动,它仅用于防止在某点出现精确暂停。

表 5-5　轨迹逼近的特征

运 动 方 式	特　　征	轨迹逼近距离单位
P1　SLIN　P3 P2 CONT	轨迹曲线相当于两段直线	mm
P1　SCIRC P3 CONT P2	轨迹曲线相当于两段圆弧,目标点被轨迹逼近	mm

4) 创建 SLIN 运动的操作步骤

前提条件是已设置运行方式 T1,机器人程序已选定。然后按如下步骤操作。

(1) 将 TCP 移向应被设为目标点的位置,如图 5-21 所示。

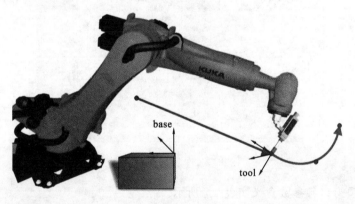

图 5-21　移动 TCP

(2) 将光标置于其后应添加运动指令的那一行中。

(3) 选择菜单序列"指令—运动—SLIN",或者在相应行中按下"运动"按键,出现 SLIN 联机表单选项窗口,如图 5-22 所示。

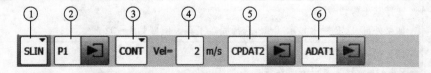

图 5-22　SLIN 联机表单选项窗口

(4) 在联机表单中输入参数,各参数含义如表 5-6 所示。

(5) 在坐标系选项窗口中输入工具和基坐标系的正确数据,以及关于插补模式的数据(外部 TCP:开/关)和碰撞监控的数据,如图 5-23 所示。

表 5-6　SLIN 联机表单参数含义

标　号	含　　义
①	运动方式:SLIN
②	目标点的名称:系统会自动赋予一个名称,该名称可以被改写;需要编辑数据时请按三角形箭头图标,相关选项窗口即自动打开
③	CONT:目标点被轨迹逼近; [空白]:将精确地移至目标点
④	速度:数值范围为 0.001~2 m/s
⑤	运动数据组名称: 系统会自动赋予一个名称,该名称可以被改写;需要编辑数据时请按三角形箭头图标,相关选项窗口即自动打开
⑥	含逻辑参数的数据组名称: 系统会自动赋予一个名称,该名称可以被改写;需要编辑数据时请按三角形箭头图标,相关选项窗口即自动打开。 通过切换参数可显示或隐藏该栏目

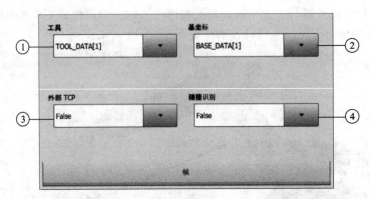

图 5-23　坐标系选项窗口

坐标系选项窗口各参数含义如表 5-7 所示。

表 5-7　坐标系选项窗口参数含义

标　号	含　　义
①	选择工具: 如果外部 TCP 栏中显示 True,选择工件。值域为 1~16
②	选择基坐标: 如果外部 TCP 栏中显示 True,选择固定工具。值域为 1~32
③	插补模式: False 表示该工具已安装在连接法兰处; True 表示该工具为一个固定工具
④	碰撞识别: True 表示机器人控制系统为此运动计算轴的扭矩,用于碰撞识别; False 表示机器人控制系统不为此运动计算轴的扭矩,因此对此运动无法进行碰撞识别

（6）在移动参数选项窗口中可将加速度和传动装置加速度变化率从最大值降下来。如果已经激活轨迹逼近，则也可以更改轨迹逼近距离。此外，还可以修改姿态导引方式。选项窗口如图 5-24 所示，参数含义如表 5-8 所示。

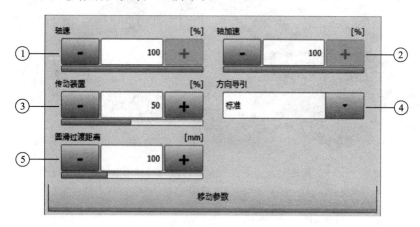

图 5-24　移动参数选项窗口

表 5-8　移动参数含义

标　号	含　义
①	轴速： 数值以系统数据中给出的最大值为基准，范围为 1%～100%
②	轴加速度： 数值以系统数据中给出的最大值为基准，范围为 1%～100%
③	传动装置加速度变化率： 加速度变化率是指加速度的变化量，其数值以系统数据中给出的最大值为基准，范围为 1%～100%
④	选择姿态导引方式： 标准；手动 PTP；恒定的方向引导
⑤	目标点之前的距离： 最早在此处开始轨迹逼近，此距离最大可为起始点至目标点距离的一半。如果在此处输入了一个更大的数值，则此值将被忽略而采用最大值。 只有在联机表单中选择了 CONT 之后，此栏才显示

（7）TCP 的当前位置被作为目标示教，如图 5-25 所示。在按"指令 OK"按键和"Touch-up"按键时保存点坐标。

5）创建 SCIRC 运动的操作步骤

前提条件是已设置运行方式 T1，机器人程序已选定。然后按如下步骤操作。

（1）将光标置于其后应添加运动指令的那一行。

（2）选择菜单序列"指令—运动—SCIRC"，或者在相应行中按下"运动"按键，出现 SCIRC 联机表单，如图 5-26 所示。

（3）在联机表单中输入参数，各参数含义如表 5-9 所示。

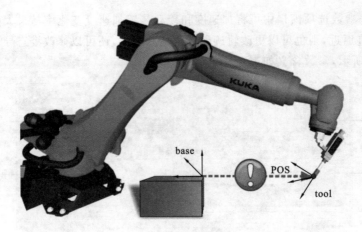

图 5-25　TCP 的当前位置作为目标示教

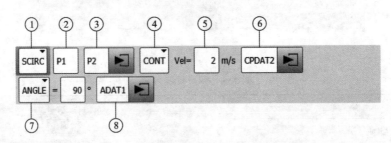

图 5-26　SCIRC 联机表单选项窗口

表 5-9　SCIRC 联机表单参数的含义

标　　号	含　　义
①	运动方式： SCIRC
②	辅助点名称： 系统会自动赋予一个名称,该名称可以被改写
③	目标点名称： 系统会自动赋予一个名称,该名称可以被改写;需要编辑数据时请按三角形箭头图标,相关 选项窗口即自动打开
④	CONT:目标点被轨迹逼近; [空白]:将精确地移至目标点
⑤	速度： 数值范围为 0.001～2 m/s
⑥	运动数据组名称： 系统会自动赋予一个名称,该名称可以被改写;需要编辑数据时请按箭头图标,相关选项窗 口即自动打开
⑦	圆心角： 数值范围为-9999°～+9999°; 如果输入的圆心角小于-400°或大于+400°,则在保存联机表单时会自动询问是否要确认 或取消输入

续表

标　号	含　义
⑧	含逻辑参数的数据组名称： 系统会自动赋予一个名称，该名称可以被改写；需要编辑数据时请按三角形箭头图标，相关选项窗口即自动打开。 通过切换参数可显示和隐藏该栏目

（4）在坐标系选项窗口中输入工具和基坐标系的正确数据，以及关于插补模式的数据（外部 TCP：开/关）和碰撞监控的数据，如图 5-27 所示。

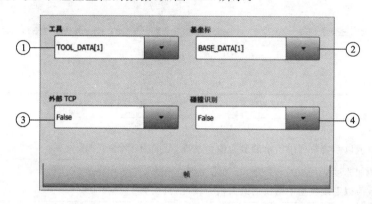

图 5-27　坐标系选项窗口

坐标系选项窗口各参数含义如表 5-10 所示。

表 5-10　坐标系选项窗口参数含义

标　号	含　义
①	选择工具： 如果外部 TCP 栏中显示 True，选择工件。值域为 1～16
②	选择基坐标： 如果外部 TCP 栏中显示 True，选择固定工具。值域为 1～32
③	插补模式： False 表示该工具已安装在连接法兰处； True 表示该工具为一个固定工具
④	碰撞识别： True 表示机器人控制系统为此运动计算轴的扭矩，用于碰撞识别； False 表示机器人控制系统不为此运动计算轴的扭矩，因此对此运动无法进行碰撞识别

（5）在移动参数选项窗口中可将加速度和传动装置加速度变化率从最大值降下来，如图 5-28 所示。如果已经激活轨迹逼近，则也可以更改轨迹逼近距离。此外，还可以修改姿态导引方式。

各移动参数的含义如表 5-11 所示。

（6）设置辅助点的特性（此特性仅专家用户组以上级别可用）。

在 SCIRC 运动中，机器人控制系统可考虑辅助点的编程姿态。用户可通过圆周配置选项窗口参数确定是否真的要考虑以及如何考虑辅助点的编程姿态，如图 5-29 所示，各参数含义如表 5-12 所示。

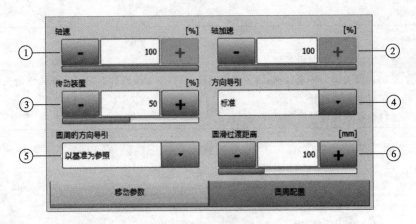

图 5-28　移动参数选项窗口

表 5-11　移动参数含义

序　号	说　　明
①	轴速： 数值以系统数据中给出的最大值为基准,范围为 1%～100%
②	轴加速度： 数值以系统数据中给出的最大值为基准,范围为 1%～100%
③	传动装置加速度变化率： 加速度变化率是指加速度的变化量,其数值以系统数据中给出的最大值为基准,范围为 1%～100%
④	选择姿态引导： 标准;手动 PTP;恒定的方向引导
⑤	选择姿态导引的参照系： 以基准为参照;以轨迹为参照
⑥	目标点之前的距离： 最早在此处开始轨迹逼近,此距离最大可为起始点至目标点距离的一半。如果在此处输入了一个更大的数值,则此值将被忽略而采用最大值。 只有在联机表单中选择了 CONT 之后,此栏才显示

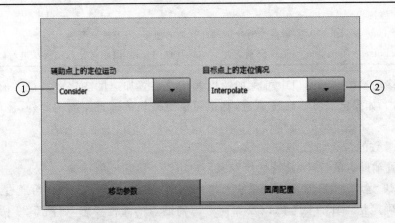

图 5-29　圆周配置参数选项窗口

表 5-12　圆周配置参数含义

标　号	含　义
①	选择辅助点上的姿态特性： "Interpolate"表示 TCP 在辅助点上接收已编程的姿态； "Ignore"表示机器人控制系统忽略辅助点的编程姿态，TCP 的起始姿态以最短的距离过渡到目标姿态； "Consider"（默认）表示机器人控制系统选择接近辅助点编程姿态的路径
②	选择目标点上的姿态特性： "Interpolate"表示在实际的目标点上接收目标点的编程姿态（无圆心角数据的 SCIRC 唯一方法，如果设置了"Extrapolate"，仍然会执行"Interpolate"）； "Extrapolate"（带圆心角数据的 SCIRC 的默认值）表示姿态根据圆心角调整： 　如果圆心角延长运动，则编程目标点上接收已编程的姿态，继续相应调整姿态直至实际目标点；如果圆心角缩短运动，则不会达到已编程的姿态。 　只有在联机表单中选择了"Angle"之后，此栏才显示

此外,可以通过相同方式为带圆心角的 SCIRC 指令确定目标点是否应有已编程的姿态或是否应根据此圆心角继续调整姿态。

(7) 将 TCP 移向应示教为辅助点的位置,通过"Touchup HP"（修整辅助点）储存点数据。

(8) 将 TCP 移向应被设为目标点的位置,通过"Touchup ZP"（修整目标点）储存点数据。

(9) 保存指令。

任务二　控 制 指 令

1. 指令的种类

除了运动指令之外,在机器人程序中还有大量用于控制程序流程的指令,这些指令语句包括循环语句、条件语句、分支语句、跳转语句、等待语句等。

(1) 循环语句　包括 LOOP、FOR、WHILE、REPEAT 等。

(2) 条件语句　IF。

(3) 分支语句　SWITCH-CASE。

(4) 跳转语句　GOTO。

(5) 等待语句　WAIT。

2. 指令的使用

1）循环语句编程

循环是控制结构,它不断重复执行程序指令,直至出现中断条件。循环可互相嵌套,但不允许从外部跳入循环结构中。循环有不同的类型,如无限循环、计数循环、当型循环、直到型循环等。

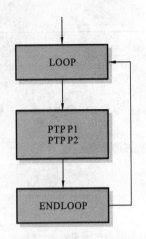

图 5-30　无限循环流程图

（1）无限循环编程。

无限循环是每次运行完之后都会重新运行的循环，运行过程可通过外部控制而终止。

无限循环流程如图 5-30 所示。

其句法如下：

```
LOOP
;指令
…
;指令
ENDLOOP
```

无限循环可直接用 EXIT 指令退出，用 EXIT 指令退出无限循环时必须注意避免碰撞。如果两个无限循环互相嵌套，则需要两个 EXIT 指令以退出两个循环。

无限循环编程的示例如下。

① 无中断的无限循环：

```
DEF MY_PROG( )
INI
PTP HOME Vel=100％ DEFAULT
LOOP
SPTP XP1
SPTP XP2
SPTP XP3
SPTP XP4
ENDLOOP
SPTP P5 Vel=30％ PDAT5 Tool[1] Base[1]
SPTP HOME Vel－100％ DEFAULT
END
```

② 带中断的无限循环：

```
DEF MY_PROG( )
INI
SPTP HOME Vel=100％ DEFAULT
LOOP
SPTP XP1
SPTP XP2
IF ＄IN[3]==TRUE THEN;中断的条件
EXIT
ENDIF
SPTP XP3
```

```
SPTP XP4
ENDLOOP
SPTP P5 Vel＝30％ PDAT5 Tool[1] Base[1]
SPTP HOME Vel＝100％ DEFAULT
END
```

（2）计数循环编程。

计数循环是一种可以通过规定重复次数执行一个或多个指令的控制结构。

若要进行计数循环，则必须事先声明 Integer 数据类型的循环计数器。该计数循环从值等于"start"时开始，并最迟于值等于"last"时结束。

计数循环流程如图 5-31 所示。

其句法有如下两种。

① 步幅为＋1 时的句法：

```
FOR counter = start TO last
;指令
ENDFOR
```

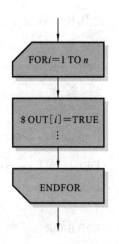

图 5-31　计数循环流程图

② 步幅也可通过关键词 STEP 指定为某个整数，句法如下：

```
FOR counter = start TO last STEP increment
;指令
ENDFOR
```

该计数循环可借助 EXIT 立即退出。

循环计数器用起始值进行初始化，即 counter＝1，在 ENDFOR 时会以步幅 STEP 递增 1 计数；然后循环又从 FOR 行开始。进入循环的条件为循环计数器必须小于或等于指定的终值，否则循环会结束。

计数循环编程的示例如下。

① 没有指定步幅的单层计数循环：

```
DECL INT counter
FOR counter = 1 TO 50
 $ OUT[counter] = FALSE
ENDFOR
```

② 指定步幅的单层计数循环：

```
DECL INT counter
FOR counter = 1 TO 4 STEP 2
 $ OUT[counter] = TRUE
ENDFOR
```

③ 使用计数循环进行递增计数：

```
DECL INT counter
FOR counter = 1 TO 3 Step 1
;指令
ENDFOR
```

④ 使用计数循环进行递减计数：

```
DECL INT counter
FOR counter = 15 TO 1 Step -1
;指令
ENDFOR
```

⑤ 指定负向步幅的计数循环：

```
DECL INT counter
FOR counter = 10 TO 1 STEP -1
;指令
ENDFOR
```

⑥ 指定步幅的嵌套计数循环：

```
DECL INT counter1，counter2
FOR counter1 = 1 TO 21 STEP 2
FOR counter2 = 20 TO 2 STEP -2
⋮
ENDFOR
ENDFOR
```

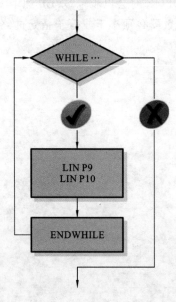

图 5-32 当型循环流程图

（3）当型循环编程。

当型循环也被称为前测试型循环。它是一种先判断型循环，这种循环会在执行循环的指令部分前先判断终止条件是否成立。只要某一执行条件（condition）得到满足，这种循环过程就会一直重复下去。

执行条件不满足时会立即导致循环结束，并执行"ENDWHILE"后的指令。

当型循环流程如图 5-32 所示。

其句法如下：

```
WHILE condition
;指令
ENDWHILE
```

当型循环可通过 EXIT 指令立即退出。

当型循环编程的示例如下。

① 具有简单执行条件的当型循环：

```
…
WHILE IN [41]==TRUE;部件备好在库中
PICK_PART( )
ENDWHILE
⋮
```

② 具有简单否定型执行条件的当型循环：

```
…
WHILE $ IN[42]==FALSE;输入端42:库为空
PICK_PART( )
ENDWHILE
⋮
```

③ 具有复杂执行条件的当型循环：

```
…
WHILE (( $ IN[40]==TRUE) AND ( $ IN[41]==FALSE) OR (counter>20))
PALLET( )
ENDWHILE
⋮
```

（4）直到型循环编程。

直到型循环也称为后测试循环。它是一种检验型循环,这种循环会在第一次执行完循环的指令部分后检测终止条件。

在指令部分执行完毕之后,检查是否已满足退出循环的条件(condition)。条件满足时,退出循环,执行 UNTIL 后的指令;条件不满足时,在 REPEAT 处重新开始循环。

直到型循环流程如图 5-33 所示。

其句法如下：

```
REPEAT
;指令
UNTIL condition
```

直到型循环可通过 EXIT 指令立即退出。

直到型循环编程的示例如下。

① 具有简单执行条件的直到型循环：

```
…
REPEAT
PICK_PART( )
UNTIL $ IN[42]==TRUE ;输入端42:库为空
⋮
```

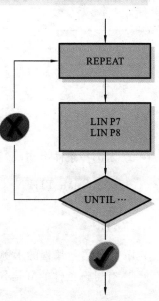

图 5-33　直到型循环流程图

② 具有复杂执行条件的直到型循环：

```
...
REPEAT
PALLET( )
UNTIL (( $ IN[40]==TRUE) AND ( $ IN[41]==FALSE) OR (counter>20))
...
```

2）条件语句编程

IF 条件用于将程序分为多个路径。使用 IF 条件语句后，便可以只在特定的条件下执行程序段。

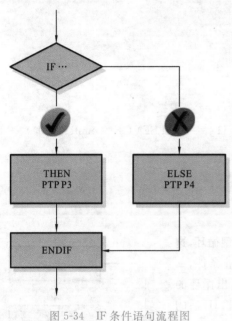

图 5-34　IF 条件语句流程图

条件性 IF 语句由一个条件和两个指令部分组成。IF 指令检查此条件为真（TRUE）或为假（FALSE）。如果为真，则可处理第一个指令；如果为假，则执行第二个替代指令。其中，第二个指令部分可以省去，即无 ELSE 的 IF 语句。此时，当检查条件为假时，便继续执行紧跟在后的程序。

多个 IF 语句可相互嵌套，即多重条件，语句被依次处理并且检查是否有一个条件得到满足。

IF 条件语句流程如图 5-34 所示。

IF 条件语句编程句法分以下两种。

① 带选择条件语句：

```
IF condition THEN
指令
ELSE
指令
ENDIF
```

② 无选择条件语句（询问）：

```
IF condition THEN
指令
ENDIF
```

IF 条件语句编程的示例如下。

① 有可选条件的 if 语句：

```
DEF MY_PROG( )
DECL INT error_nr
...
INI
error_nr = 4
...
```

```
;仅在 error_nr = 5 时驶至 P21,否则 P22
IF error_nr == 5 THEN
SPTP XP21
ELSE
SPTP XP22
ENDIF
⋮
END
```

② 没有可选条件的 IF 语句:

```
DEF MY_PROG( )
DECL INT error_nr
⋮
INI
error_nr = 4
⋮
;仅在 error_nr = 5 时驶至 P21
IF error_nr == 5 THEN
SPTP XP21
ENDIF
⋮
END
```

③ 有复杂执行条件的 IF 语句:

```
DEF MY_PROG( )
DECL INT error_nr
⋮
INI
error_nr = 4
⋮
;仅在 error_nr = 1 或 10 或大于 99 时驶至 P21
IF ((error_nr == 1) OR (error_nr == 10)
OR (error_nr > 99)) THEN
SPTP XP21
ENDIF
⋮
END
```

④ 有布尔表达式的 IF 语句:

```
DEF MY_PROG( )
DECL BOOL no_error
```

```
      ⋮
INI
no_error = TRUE
      ⋮
;仅在无故障（no_error）时驶至 P21
IF no_error == TRUE THEN
SPTP XP21
ENDIF
      ⋮
END
```

3）分支语句编程

若需要区分多种情况并为每种情况执行不同的操作，则可用分支语句编程指令达到目的。

分支语句中可以有一个分支或多重分支，用于不同情况。

SWITCH 指令中传递的变量用作选择标准，在指令块中跳到预定义的 CASE 值下的指令中。

如果 SWITCH 指令未找到预定义的 CASE 值，而 DEFAULT（默认）段事先已定义，则运行此段。

分支语句流程如图 5-35 所示。

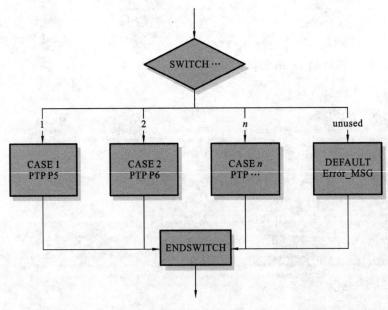

图 5-35　SWITCH 流程图

其句法如下：

```
SWITCH 选择标准
CASE 值
指令
```

```
CASE 值
指令
CASE 值
指令
⋮
DEFAULT
指令
ENDSWITCH
```

分支语句可与以下数据类型结合使用。

① INT(整数)：

```
DEF MY_PROG( )
DECL INT my_number
⋮
INI
my_number = 2
⋮
SWITCH my_number
CASE 1
SPTP XP21
CASE 2
SPTP XP22
CASE 3
SPTP XP23
ENDSWITCH
⋮
```

② CHAR 单个字符：

```
DEF MY_PROG( )
DECL CHAR my_sign
⋮
INI
my_sign = "a"
⋮
SWITCH my_sign
CASE "a"
SPTP XP21
CASE "b"
SPTP XP22
CASE "c"
```

```
SPTP XP23
ENDSWITCH
⋮
```

4）跳转语句编程

跳转语句用于确保程序跳至指定的位置，然后在该位置上继续运行。跳转目标必须位于与 GOTO 指令相同的程序段或者功能中。

下列跳转是不可行的：

① 从外部跳至 IF 指令；

② 从外部跳至循环语句；

③ 从一个 CASE 指令跳至另一个 CASE 指令。

跳转语句句法如下：

```
⋮
GOTO Marke
⋮
Marke：
⋮
```

跳转语句编程的示例如下。

① 确保跳至程序位置 GLUESTOP：

```
GOTO GLUE_STOP
⋮
GLUE_STOP：
```

② 将无条件的跳转通过扩展 IF 指令转换为有条件的跳转，跳至程序位置 GLUE_END：

```
IF X>100 THEN
GOTO GLUE_END
ELSE
X=X+1
ENDIF
A=A * X
⋮
GLUE_END：
END
```

5）等待语句编程

（1）时间等待函数。

在轴运动过程中，时间等待函数需等待指定的时间（time）。根据时间的表示方法不同，其句法分为两种。

① 计算出具体时间，句法如下：

```
WAIT SEC time
```

例如:

> WAIT SEC 3 * 0.25

② 时间为变量,示例句法如下:

> DECL REAL time
> time = 12.75
> WAIT SEC time

时间等待函数原理如下:

① 时间等待函数的单位为秒(s);

② 最长时间为 2147484 s,相当于 24 天多(时间等待函数的联机表单最多可等待 30 s);

③ 时间值也可用一个合适的变量来确定;

④ 最短的有意义的时间单元是 0.012 s(插补节拍);

⑤ 如果给出的时间为负值,则不等待;

⑥ 时间等待函数触发预进停止,因此无法进行轨迹逼近;

⑦ 为了直接生成预进停止,可使用指令 WAIT SEC 0。

时间等待函数的编程示例如下。

具有固定的等待时间,在点 P2 处中断运动 5.25 s,如图 5-36 所示,语句如下:

> SPTP P1 Vel=100% PDAT1
> SPTP P2 Vel=100% PDAT2
> WAIT SEC 5.25
> SPTP P3 Vel=100% PDAT3

(2) 信号等待函数。

信号等待函数在满足条件(condition)时才切换,使运动过程得以继续。

其句法如下:

> WAIT FOR condition

信号等待函数原理如下:

① 信号等待函数触发预进停止,因此无法进行轨迹逼近;

② 尽管已满足了条件,仍生成预进停止;

③ 若在程序行中,指令 CONTINUE 被直接编程于等待指令之前,则当条件及时得到满足时就可以阻止预进停止,此时可以进行轨迹逼近。轨迹逼近原理如图 5-37 所示,关键点含义如表 5-13 所示。

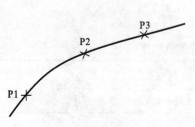

图 5-36　P2 点中断

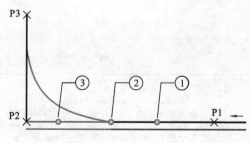

图 5-37　轨迹逼近原理

表 5-13 轨迹逼近的关键点含义

标 号	含 义	切 换 区 域
①	如果进入轨迹逼近轮廓之前已经满足等待条件,则机器人会进行轨迹逼近	激活轨迹逼近轮廓的绿色切换区域。仅设定该轮廓,无法再取消激活
②	轨迹逼近运动的起点(进入轨迹逼近轮廓)	询问是否应激活。 TRUE:轨迹逼近; FALSE:运动至目标点
③	如果进入轨迹逼近轮廓之后才满足等待条件,则机器人不进行轨迹逼近	运动至并停止在 P2 点的蓝色切换区域

信号等待函数的编程示例如下。

① 带预进停止的 WAIT FOR 语句如下,轨迹如图 5-38 所示。

```
SPTP P1 Vel＝100％ PDAT1
SPTP P2 CONT Vel＝100％ PDAT2
WAIT FOR ＄IN[20]＝＝TRUE
SPTP P3 Vel＝100％ PDAT3
```

运动在 P2 点中断,精确暂停后对输入端 20 进行检查。如果输入端状态为真,则可直接继续运行,否则会等待 True 状态。

② 带预进处理的 WAIT FOR (使用 CONTINUE)语句如下,轨迹如图 5-39 所示,各点动作如表 5-14 所示。

```
SPTP P1 Vel＝100％ PDAT1
SPTP P2 CONT Vel＝100％ PDAT2
CONTINUE
WAIT FOR (＄IN[10] OR ＄IN[20])
SPTP P3 Vel＝100％ PDAT3
```

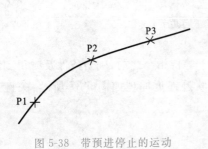

图 5-38 带预进停止的运动

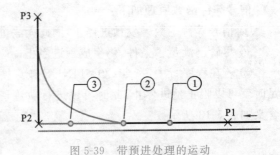

图 5-39 带预进处理的运动

表 5-14 带预进处理运动的关键点动作

标 号	动 作
①	输入端 10 或者输入端 20 在预进中已设为 TRUE,所以发生轨迹逼近
②	若之前刚满足条件,则进行轨迹逼近运动

续表

标　号	动　作
③	如果条件满足过迟,则无法进行轨迹逼近运动并必须移至 P2 点;但若在此之前满足条件,则在 P2 点上可立即重新继续运行。若不满足条件,则机器人在 P2 点上等待直到条件满足为止。对此在信息提示窗口中显示"等待"(输入端 10 或者输入端 20)。在测试运行方式(T1 或 T2)下,"模拟"按键可供使用

任务三　程序文件

1. 执行初始化运行

1) BCO 运行

KUKA 机器人的初始化运行称为 BCO 运行。BCO 是 block coincidence 即程序段重合的缩写,重合意为"一致"及"时间或空间事件的会合"。

在下列情况下要进行 BCO 运行:

(1) 选择程序;

(2) 程序复位;

(3) 点动执行程序;

(4) 修改程序;

(5) 选择语句行。

BCO 运行的轨迹如图 5-40 所示。

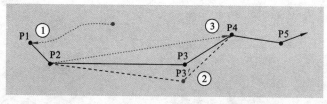

图 5-40　BCO 运行的轨迹

①——在选择或者复位程序后,执行 BCO 运行至 home 位置;

②——更改了运动指令(删除、示教)后执行 BCO 运行;

③——选择语句行后执行 BCO 运行。

2) BCO 运行的原因

为了使当前的机器人位置与机器人程序中的当前点位置保持一致,必须执行 BCO 运行。仅当机器人位置与编程设定的位置相同时,才可进行轨迹规划。因此,首先必须将 TCP 置于轨迹上。在选择或者复位程序后,执行 BCO 运行至 home 位置,如图 5-41 所示。

2. 选定及启动机器人程序

1) 选择机器人程序

如果要执行一个机器人程序,则必须事先将其选中。机器人程序在导航器中的用户界面上进行选择。运动程序通常保存在文件夹中,Cell 程序(由 PLC 控制机器人的管理程序)始终在文件夹"R1"中。

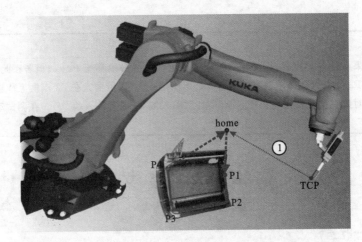

图 5-41　BCO 运行至 home 位置

用户界面如图 5-42 所示。

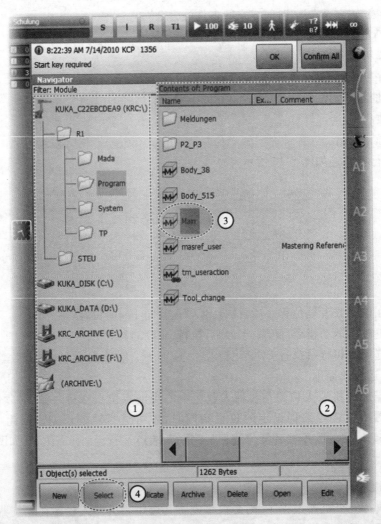

图 5-42　用户界面

①—导航器(文件夹/硬盘结构);②—导航器(文件夹/数据列表);③—选中的程序;④—用于选择程序的按键

为启动程序,有启动正向运行程序按键 ▶ 和启动反向运行程序按键 ◀ 供选择,如图 5-43 所示。

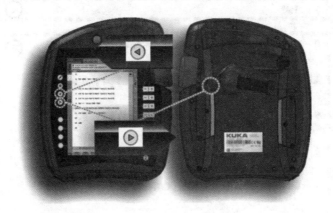

图 5-43　按键选择

如果要运行某个程序,则可利用各种程序运行方式,如表 5-15 所示。

表 5-15　程序运行方式

图　标	含　义
![GO图标]	GO: 程序连续运行,直至程序结束; 在测试运行中必须按住启动键
![运动图标]	运动: 在运动步进运行方式下,每个运动指令都单个执行; 每一个运动结束后,都必须重新按下启动按键
![单步图标]	单步: 在增量步进时,逐行执行(与行中的内容无关); 每步执行后,都必须重新按下启动按键; 仅供用户组"专家"使用

2) 程序格式

程序格式如图 5-44 所示,各部分含义如表 5-16 所示。

表 5-16　程序各部分含义

标　号	含　义
①	"DEF 程序名()"始终出现在程序开头; "END"表示程序结束; 仅限于对专家用户组可见
②	"INI"行包含程序正确运行所需的标准参数的调用; "INI"行必须最先运行
③	自带的程序文本,包括运动指令、等待/逻辑指令等; 行驶指令"PTP HOME"常用于程序开头和末尾,因为这是唯一的已知位置

```
1  DEF kuka_rocks( )                                    ①

2  INI                                                  ②

3  PTP HOME  Vel= 100 % DEFAULT                          ③

4  PTP P1 Vel=100 % PDAT1 Tool[1] Base[0]

5  PTP P2 Vel=100 % PDAT2 Tool[1] Base[0]

6  PTP P3 Vel=100 % PDAT3 Tool[1] Base[0]

7  OUT 1'' State=TRUE CONT

8  LIN P4 Vel=2 m/s CPDAT1 Tool[1] Base[0]

9  PTP HOME  Vel= 100 % DEFAULT

10 END                                                  ①
```

图 5-44 程序格式

3）程序状态

程序状态的类型及含义如表 5-17 所示。

表 5-17 程序状态

图　标	颜　色	说　明
R	灰色	未选定程序
R	黄色	语句指针位于所选程序的首行
R	绿色	已经选择程序，而且程序正在运行
R	红色	选定并启动的程序被暂停
R	黑色	语句指针位于所选程序的末端

4）启动程序

启动机器人程序的操作步骤如下。

（1）选择程序，如图 5-45 所示。

图 5-45　选择程序

（2）设定程序速度（程序速度倍率：POV），如图 5-46 所示。

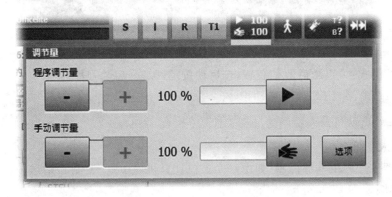

图 5-46　设定程序速度

（3）按使能按键，如图 5-47 所示。

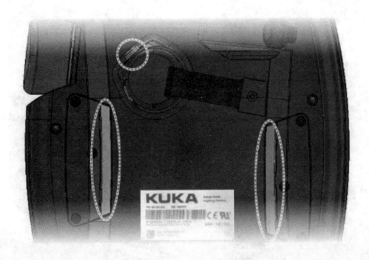

图 5-47　使能按键

（4）按下启动按键并按住，"INI"行得到处理，机器人执行 BCO 运行，如图 5-48 所示。

（5）到达目标位置后运动停止，将显示提示信息"已达 BCO"。

（6）其他流程（根据设定的操作模式而有所不同）。

① T1 和 T2 模式：通过按启动按键继续执行程序。

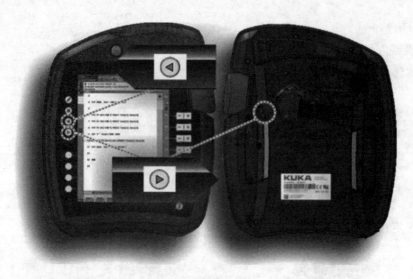

图 5-48　启动按键

② AUT 模式：可以激活驱动装置，按启动按键（脉冲）启动程序。

③ EXT 模式：由 PLC 传送启动指令。

3. 从 PLC 启动机器人程序的准备工作

1）机器人系统

如果机器人进程由外部控制（如由一个上位计算机或 PLC 控制），则这一控制通过通信接口进行，如图 5-49 所示。

图 5-49　机器人系统

2）系统结构原理

通过外部通信接口可用上位控制器（例如 PLC）来控制机器人进程。

为了实现上位控制器和机器人之间的通信，必须满足以下几点要求。

（1）机器人和上位控制器之间必须有物理上存在且已配置的现场总线，例如工业以太网等。

（2）必须通过现场总线传输机器人进程的信号。传输过程通过外部自动运行接口协议中的可配置的数字输入和输出端来实现。

（3）上位控制器通过外部自动运行接口向机器人控制系统发出机器人进程的相关信号（如运行许可、故障确认、程序启动等）。

（4）机器人控制系统向上位控制器发送有关运行状态和故障状态的信息。

（5）选择外部自动运行方式。

3）外部启动安全须知

（1）选择了 CELL 程序后必须以操作模式 T1 或 T2 执行 BCO 运行。

（2）如果已执行了 BCO 运行，则在外部启动时便不再执行 BCO 运行。

4）外部启动的操作步骤

前提条件是操作模式为 T1 或 T2，用于外部自动运行的输入/输出端和 CELL.SRC 程序已配置。然后按如下步骤操作。

（1）在导航器中选择 CELL.SRC 程序。CELL 程序始终在路径"KRC:\R1"中。

（2）将程序倍率设定为 100%。这是建议的设定值，也可根据需要设定成其他数值。

外部运行操作如图 5-50 所示。

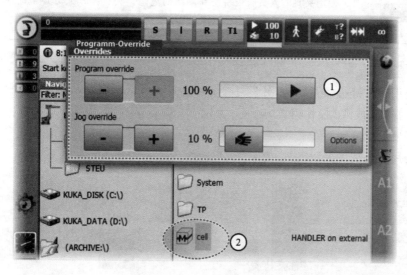

图 5-50　外部运行操作
①—POV 设置；②—选定 cell.src

（3）执行 BCO 运动。按住使能开关，再按住启动按键，直至信息窗显示"已达 BCO"。

（4）选择"外部自动"操作模式。由上一级控制系统（PLC）启动程序。

任务四　夹具工艺包

1. 夹具工艺包

库卡夹具工艺包是附加的工艺软件包组件，使用它可简化夹具的抓放过程。

状态键及夹具操作如表 5-18 所示。

表 5-18　状态键及夹具操作

状　态　键	说　　　明
	选择夹具号： 显示选定的夹具编号； 按上键，编号变大； 按下键，编号变小
	切换夹具状态： 如释放或夹持，当前状态不显示； 可能出现的状态取决于配置的夹具类型； 对于焊钳，可能出现的状态取决于手动焊钳控制系统的配置
注　意	首先需激活状态键，才能用状态键来操作夹具。在主菜单中选择"配置—状态键—GripperTech"
⚠ 警　告	使用夹具时人员有被挤伤和割伤的危险。夹具操作人员必须确保身体任何部分都不会被夹具挤伤

2. 夹具操作步骤

（1）使用状态键选择夹具，如图 5-51 所示。

（2）选择 T1 或 T2 操作模式。

（3）按使能按键。

（4）使用状态按键控制夹具，如图 5-52 所示。

图 5-51　选择夹具　　　　　图 5-52　控制夹具

实训五　夹具工作系统

【实训设备】

库卡机器人实验样机。

【实训目的】

编写机器人程序，并按程序执行夹具系统运动。

【控制要求】

（1）掌握开机流程；

（2）熟练掌握机器人程序的编写；

（3）启动程序，在各模式下执行程序。

【实训课时】

1 课时。

【实训内容一】

（1）复位紧急停止按钮并确认；

（2）确认选定了 T1 模式；

（3）选择 Air 程序；

（4）执行 BCO 运行；

（5）在 T1、T2 和 AUT 模式下测试程序，在 T1 模式下启动；

（6）在各种操作模式下测试程序。

【实训内容二】

（1）复位紧急停止按钮并确认；

（2）确认选定了 T1 模式；

（3）样条轮廓（见图 5-53）编程；

（4）选择样条轮廓程序；

（5）在 T1、T2 和 AUT 模式下测试程序，在 T1 模式下启动；

（6）在各种操作模式下测试程序。

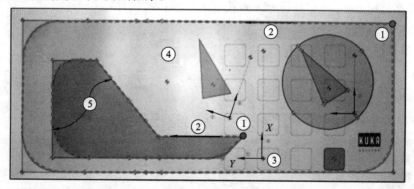

图 5-53　样条轮廓

思考与练习

1. SLIN 和 SCIRC 运动各有哪些特点？

2. 在 SPTP、SLIN 和 SCIRC 运动中移动速度以何种形式给出？该速度以什么为基准？

3. 在 SPTP、SLIN 和 SCIRC 运动中轨迹逼近距离以何种形式给出？该距离以什么为基准？

4. 将 CONT 指令插入现有的运动指令中时必须注意什么？

5. 更改了起始位置（原点）后必须注意什么？

6. 修正、更改或删除编程的点时必须注意什么？

项目六 工业机器人 Simpro 应用

【项目简介】

本项目主要对工业机器人仿真软件 Simpro 进行由浅入深的讲解,包括 Simpro 及 OfficeLite的软件介绍、软件安装、软件激活及软件应用等,为学生系统化地学习 Simpro 软件提供参考。

【项目目标】

1. 知识目标

(1) 了解工业机器人 Simpro 软件的结构及组成;

(2) 掌握工业机器人 Simpro 软件的安装及激活方法;

(3) 掌握 OfficeLite 编程系统的安装及激活方法;

(4) 掌握工业机器人 Simpro 软件的操作。

2. 能力目标

(1) 能够使用 Simpro 软件进行工业机器人培训站的设计;

(2) 能够进行机器人编程。

3. 情感目标

学会自我解决问题。

任务一 系统安装

1. 软件介绍

1) Simpro

Simpro 软件是一款专为库卡机器人设计的独特软件,用于建立三维布局,可轻松进行模拟和检测各种布局设计和方案的合理性。

Simpro 软件中含有组件库,库中含有大量智能组件,部分组件已经参数化,可根据设计需要更改参数。智能组件提供热点,可方便连接其他组件,例如,为了控制夹持器并分析智能组件的传感器信号,可将智能组件同 OfficeLite 的数字输入和输出端信号相连接,推-拉输送系统和匀速输送系统同样可在 Simpro 软件中模拟。此外,Simpro 软件还提供一个开放的脚本语言 Python2.6,使用它可额外扩展组件。在进行布局设计时,可根据个人需要导入相应的模型,标准 CAD 导入时可使用 STL、3DS、VRML1、Robface 以及 Google Sketchup 等格式的文件。

如果布局图已经制作完成,可用 Simpro 软件生产一个三维 PDF 文件,可使用 Adobe Acrobat Reader 打开和浏览三维 PDF 文件,已创建的工作单元流程在 PDF 文件中以三维动画的形式显示。

2) OfficeLite

OfficeLite 编程系统具有与库卡机器人运动系统软件相同的特性。通过 OfficeLite,可在任何一台计算机上对库卡机器人进行离线编程并对其进行优化。然后可以将生成的程序一对一地从 OfficeLite 编程系统传输给机器人,使新的机器人程序立刻用于生产。

OfficeLite 包含在 KUKA Simpro 软件包中,使用 Simpro 与 OfficeLite 功能可生成 KRL 机器人程序,实时生成高精度的节拍时间分析,以验证设备方案。

KUKA OfficeLite 只能与 KUKA Simpro 一起使用,安装软件需要管理员身份或安装权限。OfficeLite 的安装文件中提供文档资料,包含安装和许可程序的描述。

许可密码必须通过 simulation @kuka-roboter. de 获取,获取许可密码时必须提供以下信息:

(1) KUKA 合同号或订单编号;

(2) 产品类型:KUKA Sim Layout、KUKA Sim Tech 或 KUKA Sim Pro;

(3) 单机版许可、网络版许可或数字许可;

(4) 联系方式(邮箱等)。

2. 软件安装

1) 计算机要求

(1) WIN7 64 位系统;

(2) 至少双核的 CPU(无超线程技术);

(3) 至少 4G 内存(RAM);

(4) 至少 15G 硬盘空间;

(5) OfficeLite 的安装需要 VMware 软件(VMware Player 或 VMware Workstation)。

注:建议安装前,在 D 盘新建一个 KUKA 文件夹,将光盘中的文件拷贝放到"D:\KU-KA\"路径下。

2) 安装许可服务器

(1) 解压光盘中的 Simpro 软件包,解压出来的文件如图 6-1 所示。

名称	修改日期	类型	大小
KUKA.Sim_2.2_Installation_de.pdf	2012/12/6 22:32	Adobe Acrobat ...	1,503 KB
KUKA.Sim_2.2_Installation_en.pdf	2012/12/20 18:30	Adobe Acrobat ...	1,519 KB
Release Note - KUKA.Sim 2.2.2.txt	2014/1/21 20:47	文本文档	6 KB
Release Note - KUKA.Sim Library 2.2.2.txt	2014/1/21 20:46	文本文档	4 KB
SetupKUKASimLibrary_2.2.2.exe	2014/2/11 21:00	应用程序	546,619 KB
SetupKUKASimPro_2.2.2.exe	2014/2/13 21:56	应用程序	119,064 KB
SetupVcLicenseServer.msi	2012/5/8 19:55	Windows Install...	3,853 KB

图 6-1　解压文件

(2) 双击"SetupVcLicenseServer. msi",界面如图 6-2 所示。

(3) 点击"Next"按钮,界面如图 6-3 所示。

图 6-2　安装向导

图 6-3　路径选择

（4）软件默认安装在"C：\ Program Files \ Visual Components \ Visual Components License Server\"下，如果想改变安装路径，可点击"Browse"按钮进行更改。然后点击"Next"按钮，出现确认安装信息，如图 6-4 所示。

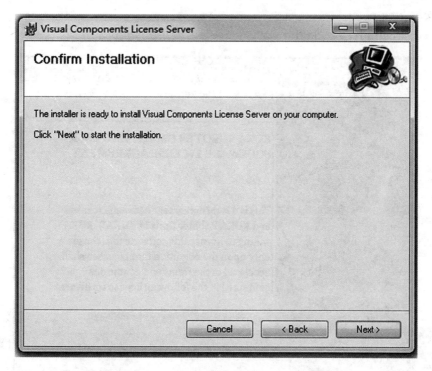

图 6-4　确认安装

（5）点击"Next"按钮，进行安装，安装结束后出现如图 6-5 所示的界面，点击"Close"按钮，完成安装。

图 6-5　安装完成

3）安装 Simpro

（1）双击"SetupKUKASimPro_2.2.2.exe"，出现如图 6-6 所示界面。

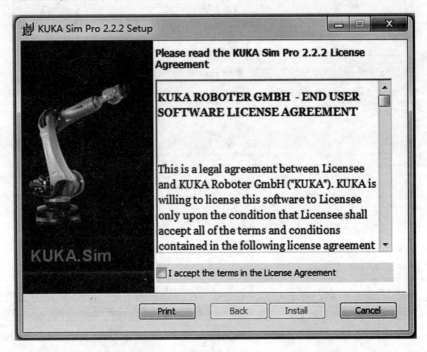

图 6-6　信息确认

（2）勾选"I accept the terms in the License Agreement"，点击"Install"按钮，进行安装，如图 6-7 所示。

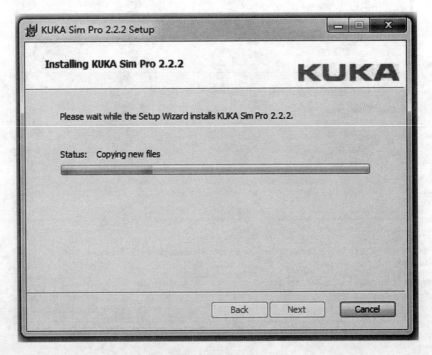

图 6-7　安装过程

（3）安装完成后，弹出如图 6-8 所示的对话框，点击"Finish"，完成安装。

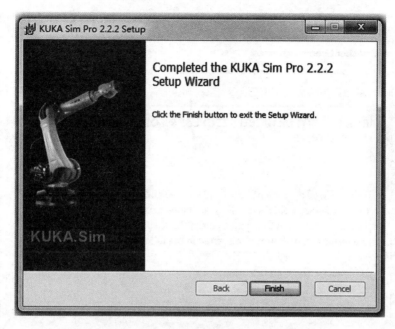

图 6-8　安装完成

4）安装元件库

Simpro 元件库包含一千多个典型的布局组件（机器人、抓手、围栏等）、各种演示布局和教程。尽管不安装元件库，Simpro 软件也能使用，但我们建议最好安装元件库，以便能更快更轻松地创建布局。

（1）安装 Simpro 后，再安装元件库，单击选中"SetupKUKASimLibrary_2.2.2.exe"，再右键单击后选择"以管理员身份运行"选项，出现如图 6-9 所示的界面。

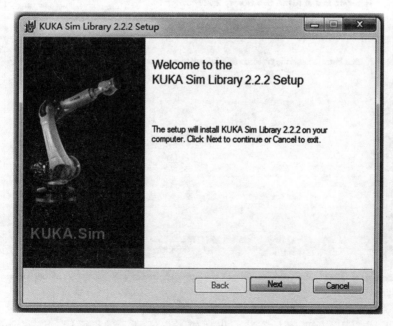

图 6-9　安装元件库

（2）点击"Next"按钮，出现如图 6-10 所示的界面。

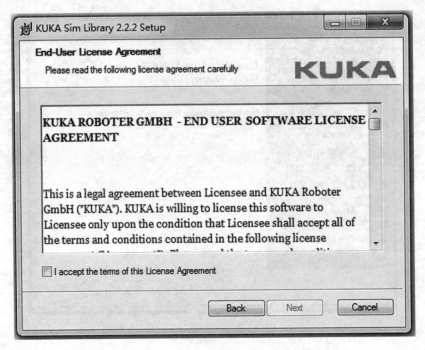

图 6-10　信息确认

（3）勾选"I accept the terms of this License Agreement"，然后点击"Next"按钮，出现如图 6-11 所示的界面。

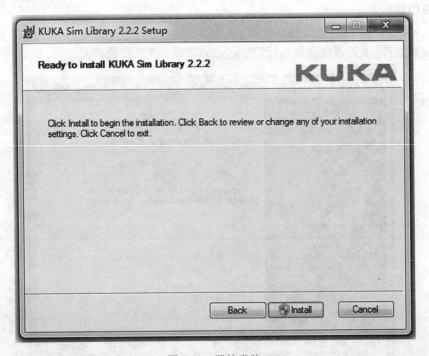

图 6-11　开始安装

（4）点击"Install"按钮，开始安装。出现如图 6-12 所示的界面后，点击"Finish"按钮，完

图 6-12　安装完成

成安装。

5) 安装 OfficeLite

采用虚拟光驱将光盘中的 OfficeLite 软件解压,得到如图 6-13 所示的文件。

名称	修改日期	类型	大小
_README.1ST	2016/3/1 9:59	文件夹	
caches	2016/3/1 10:06	文件夹	
HDD.vmdk	2016/3/2 13:04	VMware virtual ...	3,480,128...
IMAGE.MD5	2012/1/25 18:24	MD5 文件	1 KB
KR C, V8.2.OL_Build08.nvram	2016/3/2 13:04	NVRAM 文件	9 KB
KR C, V8.2.OL_Build08.vmsd	2016/3/1 10:03	VMSD 文件	0 KB
KR C, V8.2.OL_Build08.vmx	2016/3/2 13:04	VMware virtual ...	3 KB
KR C, V8.2.OL_Build08.vmxf	2011/7/13 20:26	VMXF 文件	2 KB
vmware.log	2016/3/2 11:01	文本文档	139 KB
vmware-0.log	2016/3/1 17:25	文本文档	142 KB
vprintproxy.log	2016/3/2 13:04	文本文档	21 KB

图 6-13　OfficeLite 解压文件

安装 OfficeLite 前必须安装 VMware 软件,如 VMware Player 或 VMware Workstation,VMware Player 必须是 3.1 以上的版本,VMware Workstation 必须是 7.1 以上的版本,本书用的是"VMware-player-5.0.3-1410761.exe"。然后通过 VMware 软件将 OfficeLite 打开。

(1) 双击"VMware-player-5.0.3-1410761.exe",弹出如图 6-14 所示的对话框。

(2) 选择"Yes,I accept the terms in the license agreement",然后点击"OK"按钮,出现

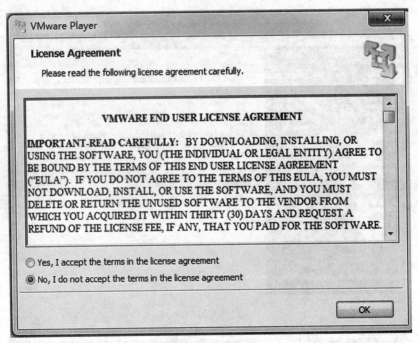

图 6-14　信息确认

如图 6-15 所示的界面。

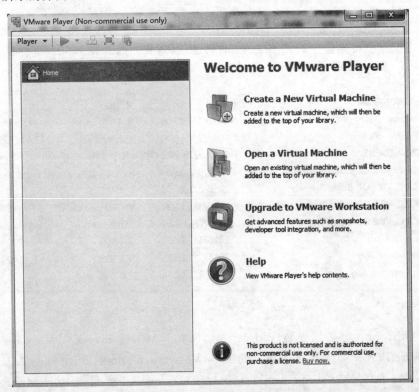

图 6-15　VMware Player 的主界面

（3）点击"Player—File—Open"，打开"KR C，V8. 2. OL_Build08. vmx"，如图 6-16 所示。

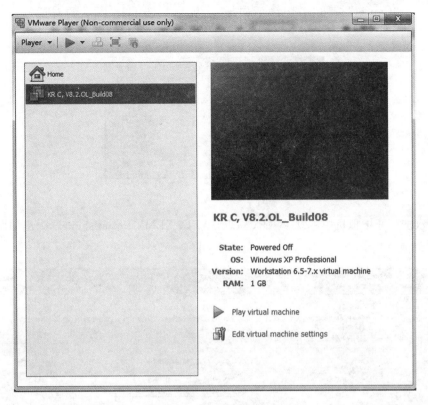

图 6-16 打开文件

（4）点击右下角"Play virtual machine"，启动虚拟机。虚拟机的启动需要一段时间，要耐心等待，启动后，打开"FLEXnet License Finder"对话框，如图 6-17 所示。

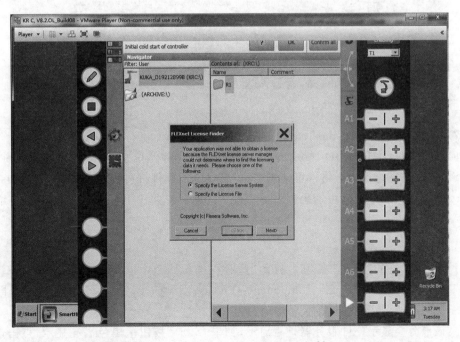

图 6-17 FLEXnet License Finder 对话框

（5）点击"Cancel"按钮，关闭激活向导，会弹出如图 6-18 所示的对话框，点击"OK"按钮。

图 6-18　KrcVrc 对话框

（6）双击打开虚拟机中的"C:\KRC\UTIL\FLEXLM\ lmtools.exe"，弹出如图 6-19 所示的界面。

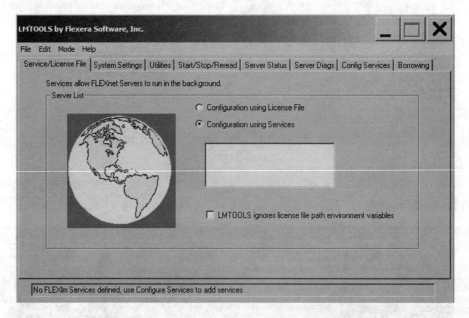

图 6-19　LMTOOLS by Flexera Software,Inc 主界面

（7）点击"System Settings"，出现如图 6-20 所示的界面。

（8）点击"Save HOSTID Info to a File"按钮，选择存储位置，输入许可请求名称，然后点击"Save"按钮进行保存。将许可请求名称与 KUKA 软件许可表一同发送至 simulation@kuka-roboter.de，以申请许可密码。许可文件 Name.LIC 将由 KUKA Roboter 发送给你。

3. 软件激活

1）激活产品密钥

（1）从计算机的"开始"菜单中找到"所有程序—Visual Components—Visual Components License Server—Visual Components License Server Manager"，单击打开，再点击"Server settings"，如图 6-21 所示。

注：该部分会显示许可服务器是否启动，如果"Start"按钮呈黑色高亮显示，点击这个按钮就可以启动许可服务器。分配的端口号为 5093，"Commuter license limit"能检出指定许

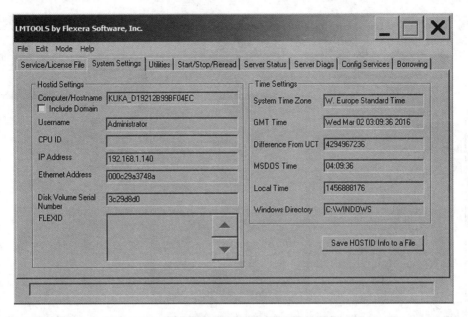

图 6-20　系统设置

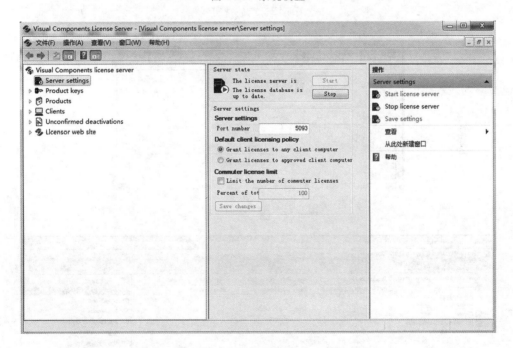

图 6-21　Visual Components License Server 主界面

可证的百分比。

（2）单击左侧的"Product keys"，出现如图 6-22 所示的界面。

（3）点击右侧的"Enter product key……"，弹出如图 6-23 所示的对话框。

（4）输入许可密码，点击"OK"按钮，界面中间就会出现许可密码的信息，如图 6-24 所示。

（5）选中中间的许可密码，出现如图 6-25 所示的界面，点击右侧的"Activate product key"，激活许可密码。

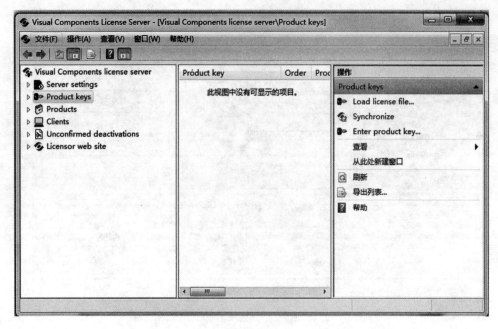

图 6-22　产品密钥

图 6-23　输入产品密钥

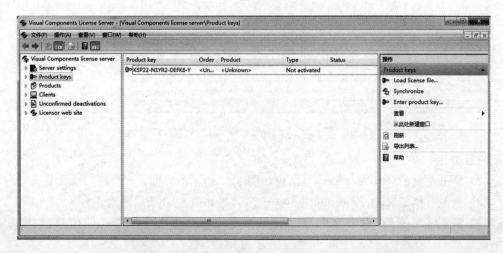

图 6-24　许可密码信息

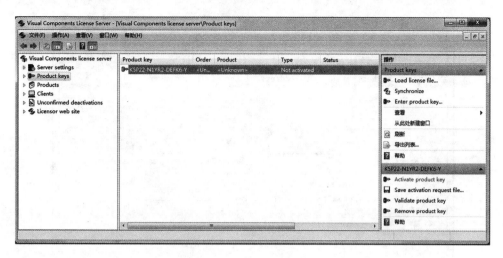

图 6-25　激活许可密码

2）激活 Simpro

（1）打开安装完的"KUKA Sim Pro 2.2"，弹出如图 6-26 所示的界面。

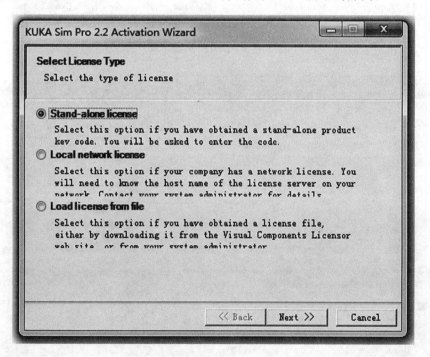

图 6-26　选择许可类型

（2）选择"Local network license"，点击"Next"按钮，出现如图 6-27 所示的界面。

（3）在"License server"后输入计算机全名，然后点击"Next"按钮。许可完成后，Simpro才可以使用，使用期间，许可不能被其他的电脑使用。

3）激活 OfficeLite

（1）将许可文件 Name. LIC 复制到虚拟机的"C：/KRC/UTIL/FLEXLM"路径下，双击"Imtools. exe"，弹出如图 6-28 所示的界面。

（2）点击"Config Service"，出现如图 6-29 所示的界面。

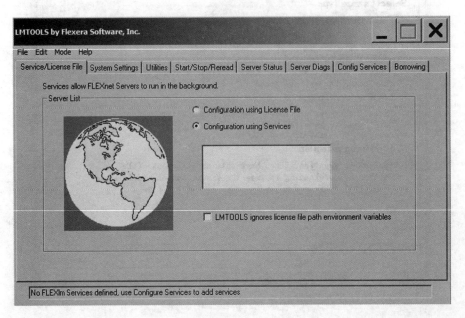

图 6-27 设置网络服务器

图 6-28 LMTOOLS by Flexera Software, Inc 主界面

　　(3) 在"Service Name"后面的空格中选择或填写名称, 填写容易记忆的名称。点击"Path to the lmgrd. exe file"后的"Browse"按钮, 选择"lmgrd. exe"。

　　(4) 点击"Path to the license file"后的"Browse"按钮, 选择许可文件 Name. LIC。

　　(5) 在"Path to the debug log file"后的空格中填写"C:\KRC\UTIL\FLEXLM\log"。

　　(6) 勾选"Start Server at Power Up"和"Use Services", 点击"Save Service"按钮保存操作, 重启虚拟机。

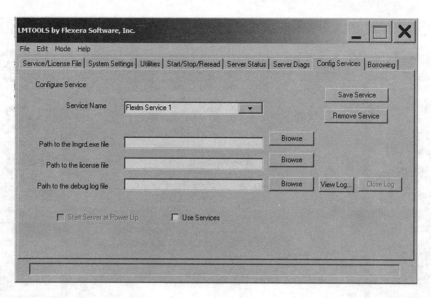

图 6-29　配置服务

（7）重启虚拟机后，打开"FLEXnet License Finder"，选择许可类型"Specify the License Server System"或"Specify the License File"，点击"Next"按钮。

（8）如果选择的是"Specify the License Server System"，点击"Next"按钮，会弹出如图 6-30 所示的对话框，然后转第（9）步。

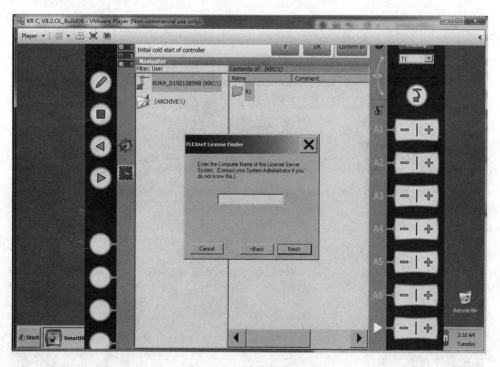

图 6-30　输入计算机名

如果选择的是"Specify the License File"，会弹出如图 6-31 所示的对话框，然后转第（10）步。

（9）在空格中填写计算机全称，然后点击"Next"按钮，转第（11）步。

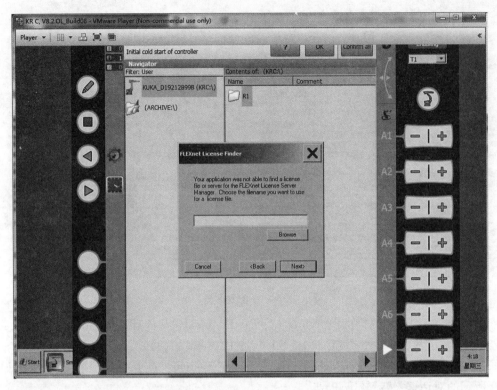

图 6-31　输入许可文件名

（10）点击"Browse"按钮，找到许可文件 Name. LIC，点击"Next"按钮，转第（11）步。

（11）出现如图 6-32 所示的对话框后，点击"Finish"按钮，即可完成激活。

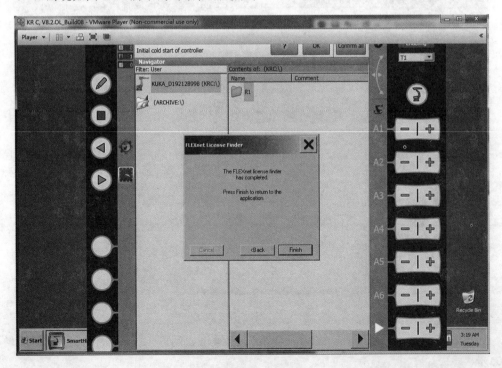

图 6-32　完成激活

4）安装 KUKA VRC

KUKA VRC 必须在已经安有 KUKA OfficeLite 的虚拟机中安装。

（1）打开虚拟机，在虚拟机 C 盘沿"C:\KRC\UTIL\VRC"路径打开文件夹，运行"Set-up.exe"。

（2）安装完后，重启虚拟机，在主菜单中选择"All Programs/Startup"即可看到 KUKA VRC Manager 已安装成功。安装界面如图 6-33 所示。

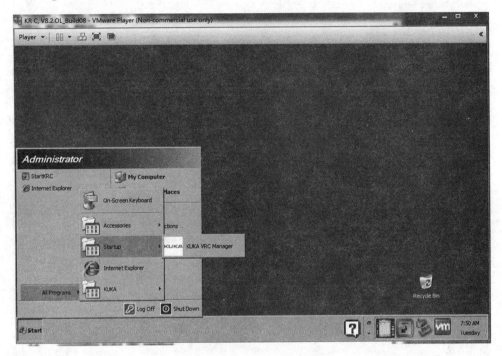

图 6-33　虚拟机界面

4. VMware 软件的设置和操作说明

1）操作说明

（1）许可转移　如果重新安装 OfficeLite 或 OfficeLite 已移到另一个文件夹下，主机的 ID 也会改变，以前的许可号就会失效，必须重新申请。

（2）键盘分配　在 VMware 软件中，Windows 语言和键盘输入等默认都是英文，如果想改成中文，可通过以下方式：

① 在虚拟机中，选择"Start—Control Panel—Regional and Language Option"；

② 在"Language"一栏中即可进行语言修改，然后点击"OK"按钮；

③ 重启虚拟机后对语言的修改才会生效。

2）网络配置

VMware 软件中存在以下网络设置模式。

（1）桥接　默认设置。如果主机集成到一个网络，这种设置就是必须的，为了保证无差错运行，必须勾选"Replicate physical network connection state"。用户可通过网络访问虚拟机。

（2）NAT　如果主机没有集成到一个网络，必须采用该设置方式。

（3）Host-only　不需要。

设置网络配置的操作过程如下。

（1）对于 VMware Workstation 软件，选择"VM—Settings……"；对于 VMware Player 软件，选择"Virtual Machine—Virtual Machine Settings……"，弹出如图 6-34 所示的界面。

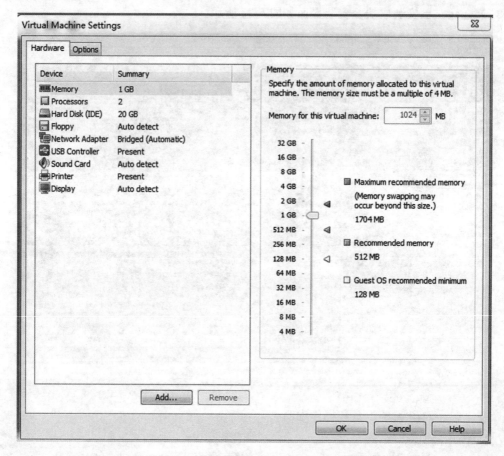

图 6-34　虚拟机设置

（2）在"Hardware"选项下，选择"Network Adapter"，如图 6-35 所示。

（3）在"Network connection"下设置连接方式。如果选择"Bridged"，同时要勾选"Replicate physical network connection state"。

（4）在 VMware Workstation 软件中，如果设置"Bridged"，还要进行以下操作：选择菜单栏中的"Edit/Virtual Network Editor"，选择用于网络通信的物理网络适配器，例如 Intel 或 Broadcom，如图 6-36 所示。点击"OK"按钮确认。

（5）为了初始化网络设置，在虚拟机主菜单上打开"Network Connections"，如图 6-37 所示。

（6）右键点击"Local Area Connection"，将设备名为"VMware Accelerated……"的网络属性设置为"Disabled"，如图 6-38 所示。

（7）再右键点击"Local Area Connection 2"，将设备名为"VMware Accelerated……"的网络属性设置为"Enabled"。

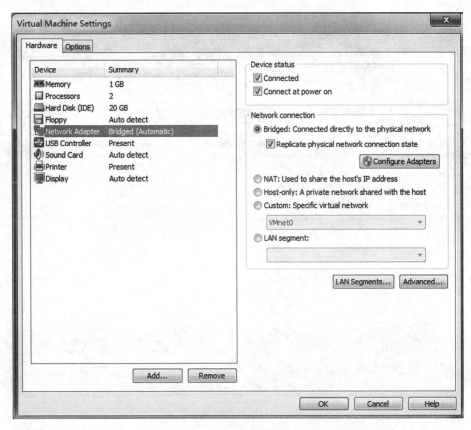

图 6-35 硬件设置

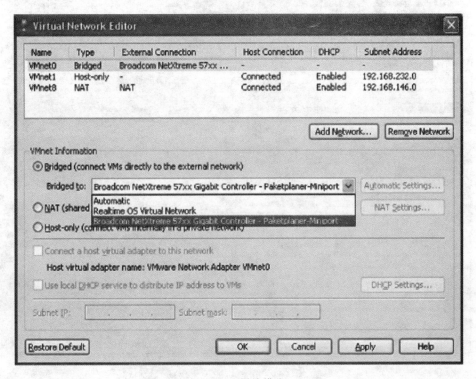

图 6-36 桥接模式

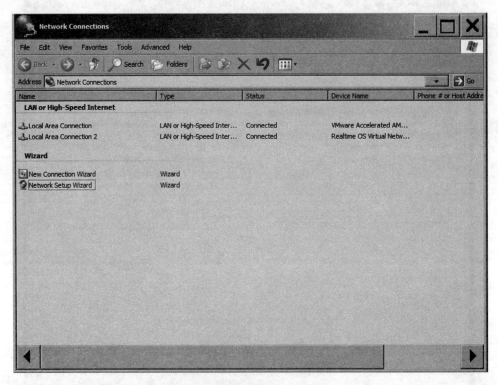

图 6-37　虚拟机网络连接 1

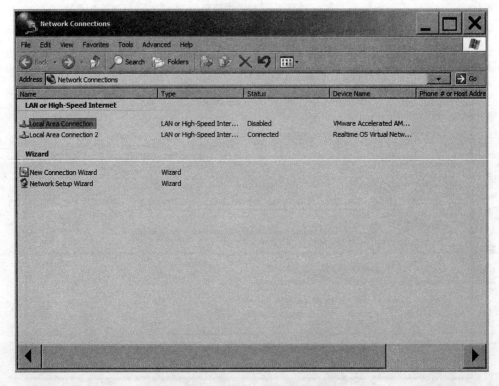

图 6-38　虚拟机网络连接 2

3）在虚拟网络适配器上禁用 VMware 桥接协议

如果一个或多个以前版本的 OfficeLite 安装在主机上,那么就需要在主机上激活若干虚拟网络适配器。VMware 桥接协议只有通过局域网连接到公司网络才能被使用。VMware 桥接协议必须在虚拟网络适配器的网络设置中停用,否则虚拟机不能连接到主机的网络,就不能实现与许可服务器或 Simpro 之间的连接。

其操作过程如下。

（1）在主机控制面板中打开网络连接,如图 6-39 所示。

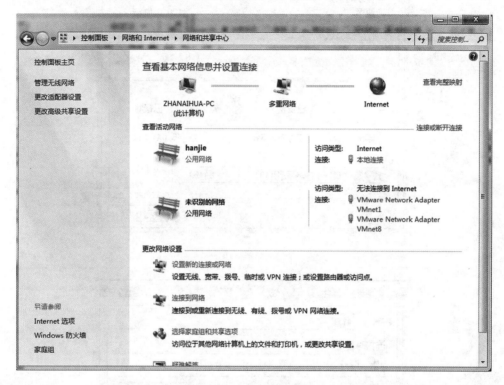

图 6-39　主机网络连接

（2）点击"本地连接",弹出"本地连接状态"对话框,如图 6-40 所示。

（3）点击"属性"按钮,弹出如图 6-41 所示的对话框,从对话框中可以看出,本地连接使用的虚拟网络适配器是"Realtek PCTe GBE Family Controller"。

（4）如果网络连接使用 VMware 桥接协议,去掉"VMware Bridge Protocol"前面的"√"。

（5）点击"确定"按钮进行确认。

（6）对于使用其他虚拟网络适配器的网络连接都可以重复步骤(3)～(5)。

（7）重启虚拟机和主机。

4）检查网络连接

如果不能通过虚拟机访问许可服务器等外部系统,建议检查相应的计算机是否可以进行网络诊断。

其操作过程如下。

（1）在虚拟机的开始菜单中,选择"Run……",输入"cmd"后点击"OK",即可打开 Windows 命令提示符。

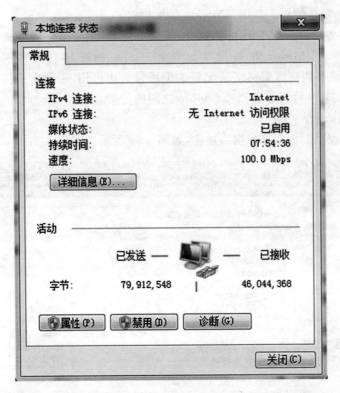

图 6-40　本地连接状态

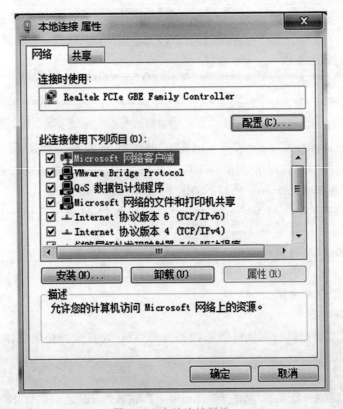

图 6-41　本地连接属性

（2）输入"Ping 计算机名"，然后按回车键，界面如图 6-42 所示。

图 6-42 "Ping"界面

（3）如果上述诊断方法不起作用，需联系网络管理员检查网络或域设置。

任务二 系 统 应 用

1. KUKA Simpro 操作与应用

打开"KUKA Sim Pro 2.2"，出现软件主窗口，如图 6-43 所示。

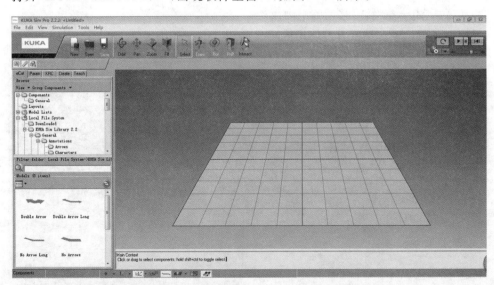

图 6-43 软件主窗口

1）菜单栏

（1）"File"——文档菜单。如图 6-44 所示，与其他软件类似，包含新建、打开、保存、另存为、保存零件、另存零件等功能，文档格式为".vcm"，可导入".stl"格式的文件，也可导出图片、截屏、布局等文件。"Credit"主要用于保存文档时,填写相关信息。"Exit"为退出软件。

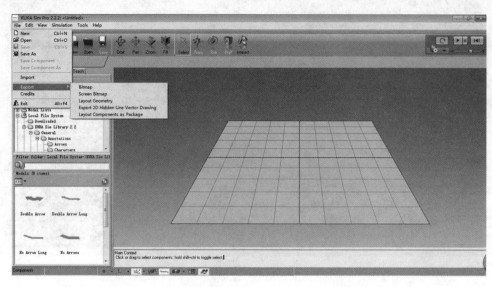

图 6-44　文档菜单

（2）"Edit"——编辑菜单。包含撤销、剪切、复制、粘贴、删除、组合等功能。

（3）"View"——视图菜单。如图 6-45 所示,可控制工具栏、状态栏、信息面板等的显示与隐藏;也可调整视图显示方位等;与其他三维软件的视图功能类似,还可进行视图界面的设置,如对网格、颜色、界面尺寸等进行设置。

查看视图时也可采用以下快捷键:

旋转——Ctrl+左键;

移动——Alt+左键,可移动整个画面;

缩放——Shift+左键或直接使用鼠标滚轮。

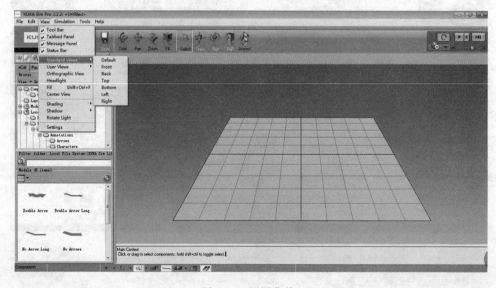

图 6-45　视图菜单

（4）"Simulation"——模拟仿真菜单。如图 6-46 所示,包括运行、暂停、复位、保存状态、重复等功能。点击"Save State"可将目前的状态保存,机器人运动状态发生改变后,点击"Reset"按钮,机器人会恢复到之前通过"Save State"保存的状态。

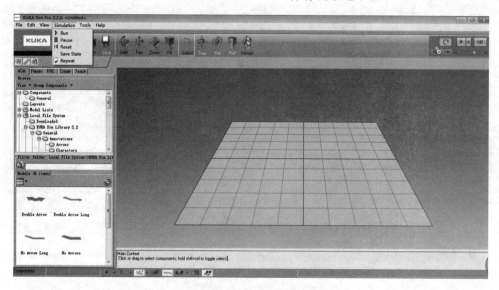

图 6-46　模拟仿真菜单

（5）"Tools"——工具菜单。如图 6-47 所示,包括测量、增加尺寸、增加注释、设定用户坐标、碰撞检测等,可测量两点之间的距离,标注物体的尺寸,增加注释时只能使用英文进行注释,通过碰撞检测可验证方案的合理性。

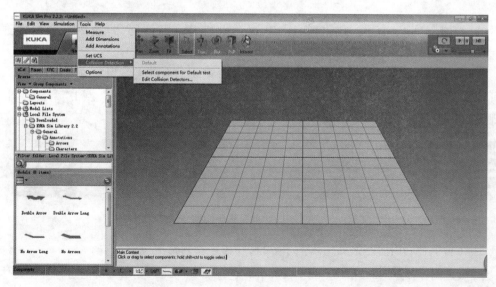

图 6-47　工具菜单

（6）"Help"——帮助菜单。如图 6-48 所示,包含帮助文档、注册、访问 KUKA 网站、版本信息等。

2）工具栏

工具栏如图 6-49 所示。

工具栏与菜单栏一一对应,下面主要介绍最后一组图标的功能。

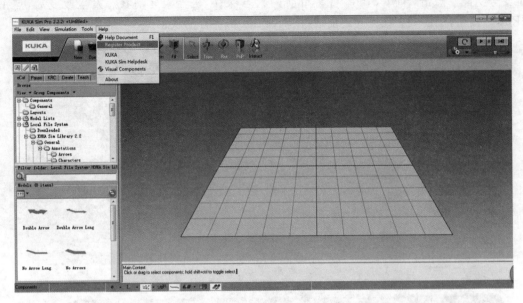

图 6-48　帮助菜单

图 6-49　工具栏

（1）"Select"——选中。点击"Select"，再点击想要选择的物体，选中后会出现红色线框。

（2）"Trans"——平移。可沿 X、Y、Z 三个方向移动。可以通过鼠标拖动使物体移动，也可以输入精确的数字使物体移动，还可以通过捕捉使物体精确移动。点击"Trans"图标，出现如图 6-50 所示界面。

图 6-50　设置移动位置

① 在每个轴后面的空格处输入数字，可使物体移动到指定位置。

② 点击图标 "Snap Position to Frame/Vertex/Surface Point"，可通过捕捉使物体移动到精确位置。

③ 点击图标 "Toggle between normal and temporary origin"，可以改变初始点的位置。将初始点改到任一位置，改好之后，再点击该图标，取消操作。

（3）"Rot"——旋转。蓝色对应 A，绕 Z 轴旋转；绿色对应 B，绕 Y 轴旋转；红色对应 C，绕 X 轴旋转。

（4）"PnP"——连接方式，共 5 种（见表 6-1）。

表 6-1 5 种连接方式

图 标	含 义
	"Interactive Plug'n'Play",直接连接。若从模型库中调出机器人和抓手,抓手靠近机器人时会自动与机器人第六轴法兰连接。选中抓手,点击该按钮,抓手与机器人自动建立连接关系
	"Set Parent Node for Selected Component",建立外部抓手与机器人之间的连接关系。导入任意抓手,选中抓手,点击该按钮,再点击机器人第六轴法兰,出现淡蓝色箭头,再点击"Select",使抓手与机器人之间建立连接关系,抓手会随机器人运动
	"Snap Selected Component",将物体移动到某个选中的位置,但二者不会建立连接关系
	"Connect Abstract Interfaces",同步运动。一般用于焊接时,使机器人与变位机同步运动。选中机器人,点击该按钮,点击变位机,二者之间出现一条白线,点击"Select",即可建立机器人与变位机之间的同步关系
	"Connect Signals",信号连接。如果想实现第一个机器人运动完成后,第二个机器人再运动,就需要该连接方式。选中第一个机器人,点击该按钮,点击"ID",找到"100",在"Component"后选择第二个机器人,在"Input/Output/Signal"后选择"IN[100]",点击"Connect",然后点击"Close",关闭对话框。编程时,第一个机器人运动结束后要发出信号,设定"Set Output"为 100,"Value"值为 true;第二个机器人运动前要设置等待,设定"Wait Input"为 100,"Value"值为 true

(5)"Interact"——快捷方式。导入定义过运动的物体,点击"Interact"可使其运动。

3)标签栏

(1)"eCat"——导入数模。含有各种模型,包括常用的 KUKA 机器人模型、零件模型、与KUKA 合作的供应商提供的数模等,如图 6-51所示,可用于培训站设计。

(2)"Param"——设置参数。导入数模后,点击"Param"可了解模型的参数,同时还可对模型的材质、尺寸等进行更改,如图 6-52 所示。

(3)"KRC"——与 OfficeLite 连接,如图6-53所示。

(4)"Create"——各个轴的运动状态。查看各轴的运动状况、参数、连接方式等,如图 6-54所示。

(5)"Teach"——示教页面,如图 6-55所示。

示教界面各部分的含义如表 6-2 所示。

2. KUKA OfficeLite 操作与应用

KUKA OfficeLite 用户界面(主界面)如图 6-56

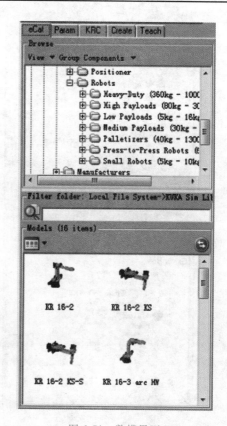

图 6-51 数模界面

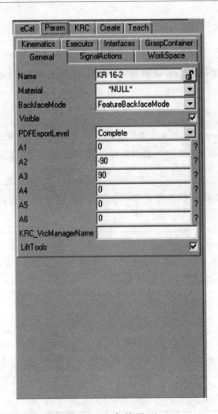

图 6-52　参数界面

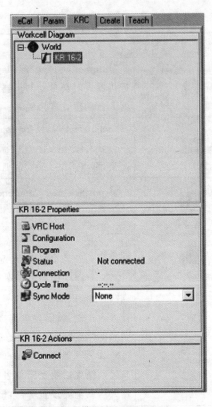

图 6-53　KRC 界面

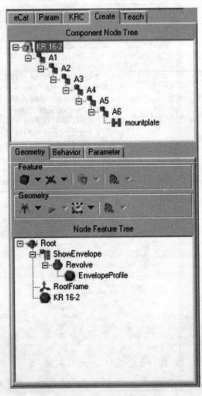

图 6-54　各轴运动状态

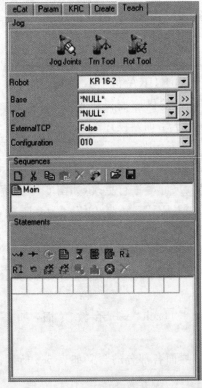

图 6-55　示教界面

表 6-2 示教界面各部分含义

图 标	含 义
Jog Joints	移动关节,即移动机器人的各个轴
Tm Tool	按坐标移动。可以捕捉或拖动坐标到某个位置
Rot Tool	按坐标旋转。沿工具坐标旋转一定的角度,例如焊接时调整焊枪角度
Base "NULL" / Tool "NULL"	定义基坐标和工具坐标
ExternalTCP False / Configuration 010	默认设置,建议不要改动
Sequences / Main	主程序
Statements	对机器人进行编程
↝	"Add Point To Point Motion":点到点的运动
✦	"Add Linear Motion Statement":直线运动
⊙	"Call a Subroutine":调用子程序
▤	"Add Comment Statement":增加注释
⅀	"Add Delay Statement":延时,单位为秒
▦	"Set Bin Out":设定抓取与放下。"Value"为"true"时设定为抓取,"Value"为"false"时设定为放下

续表

图　标	含　义
	"Wait For Binary Input"：等待
	"Change base location""Change tool location"：定义基坐标和工具坐标，与 OfficeLite 连接时必须使用
	"Halt the Simulation"：程序停止
	"Delete Current Statement"：删除程序

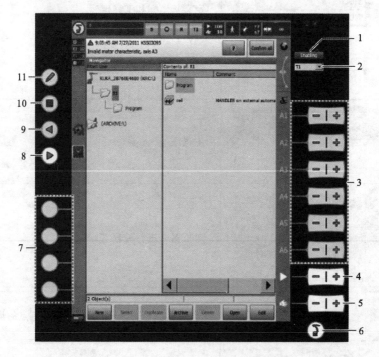

图 6-56　KUKA OfficeLite 主界面

1—使能开关按钮；2—选择操作模式列表；3—手动操作按钮（轴控制键）；4—设置程序覆盖按钮；
5—设置轴覆盖按钮；6—显示用户界面菜单；
7—状态键按钮（用于设置技术包参数，其切切功能取决于安装的技术包）；8—启动程序；
9—倒退按键；10—停止运行的程序；11—显示键盘

所示，该界面与 KUKA smartHMI 非常相似。操作人员控制 KUKA smartPAD 的元素进行编程。默认情况下，首次启动 OfficeLite 时，用户界面显示的是英文，如果需要，可以在主菜单中设置不同的语言。

3. OfficeLite 与 Simpro 的互联

与 Simpro 互联后，OfficeLite 可被看作虚拟机器人控制器，能够进行机器人模拟、测量循环时间等。要实现与 Simpro 的互联，必须安装 OfficeLite，并在虚拟界面上安装

KUKA VRC。

KUKA Simpro 与 KUKA OfficeLite 可以安装在同一台主机上,但不能安装在同一台虚拟机上。

Simpro 与 OfficeLite 的互联操作步骤如下。

(1) 找到主机"C:\System32\drives\etc\hosts",用记事本打开。

(2) 找到虚拟机"C:\System32\drives\etc\hosts",用记事本打开。

(3) 在两个 hosts 文件的最后添加两行信息,分别是主机 IP 地址、主机名以及虚拟机 IP 地址、虚拟机名。

(4) 打 开 Simpro 软 件,点 击 "KRC—World",将"Local Host"后面改成主机 IP 地址或主机名。点击"KRC—World—机器人",将"VRC Host"后面改成虚拟机 IP 地址或虚拟机名。

(5) 点击"KRC—World—机器人名称",点击右下角的"Connect",弹出如图 6-57 所示的对话框。

图 6-57　VRC Manager Host Name

(6) 输入虚拟机 IP 地址,弹出如图 6-58 所示的对话框。

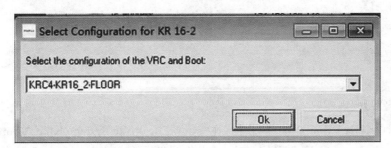

图 6-58　Select Configuration for KR 16-2

(7) 选择 VRC 和 Boot 的配置类型,出现如图 6-59 所示的对话框,点击"OK"按钮。

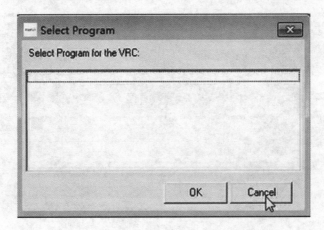

图 6-59　Select Program

(8) 在弹出的界面中点击"Download RSL",弹出如图 6-60 所示的对话框。

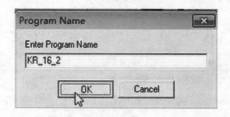

图 6-60　Program Name

（9）为程序取名，输入程序名称，点击"OK"按钮，虚拟机中即可生成空白程序。

实训六　工业机器人基础培训站实例

【实训设备】

KUKA Sim Pro2.2 软件。

【实训目的】

学会使用 Simpro 软件设计工业机器人基础培训站，生成三维 PDF 文件。

【实训要求】

按相关要求完成操作。

【实训课时】

4 课时。

【实训内容】

（1）启动"KUKA Sim Pro2.2"软件，在"eCat/Local File System/KUKA Sim Library2.2/KUKA/Robots/Low Payloads(5kg-16kg)"中找到机器人 KR 6-2，双击机器人图标或直接拖动机器人到工作界面，如图 6-61 所示。

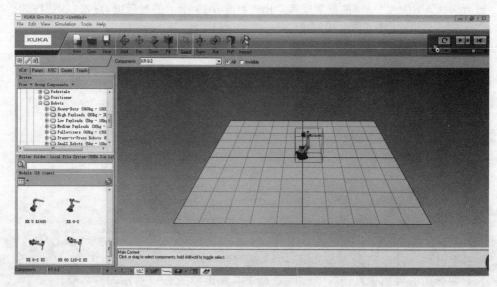

图 6-61　导入机器人

（2）在"eCat/Local File System/My Components"中找到操作台"000000_Demo_tafel"，用鼠标将其拖动到工作界面上，点击"Trans"调整位置，设置 $X＝700，Y＝0，Z＝0$，如图 6-62 所示。

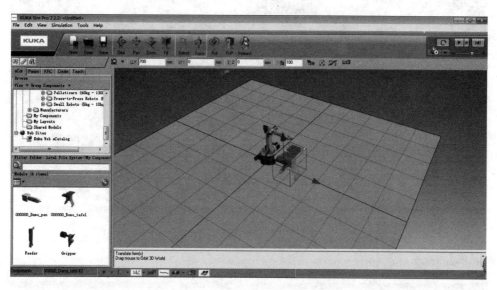

图 6-62　导入操作台

（3）在"eCat/Local File System/My Components"中找到抓手"Gripper"，用鼠标将其拖动到工作界面上并靠近机器人第六轴，使其自动与机器人建立连接关系，如图 6-63 所示。

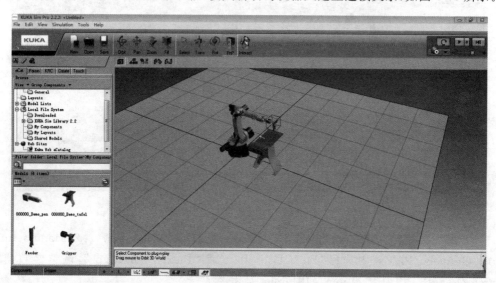

图 6-63　导入抓手

（4）在"eCat/Local File 在 System/My Components"中找到立体库"Feeder"，用鼠标将其拖动到工作界面适当位置，点击"Trans"调整位置，设置 $X＝800，Y＝-700，Z＝0$，如图 6-64所示。

（5）在"eCat/Local File System/KUKA Sim Library2.2/Manufactures/Troax Gunnebo/Plexis"中选择一种围栏"Plexi Fence"，用鼠标将其拖到工作界面，调整围栏的尺寸，设置

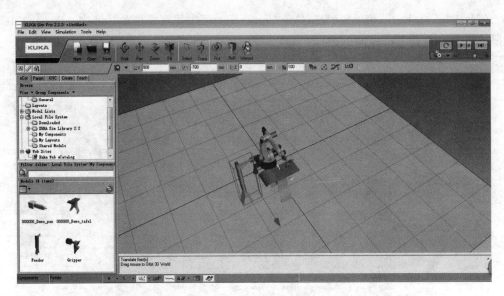

图 6-64　导入立体库

围栏长度为 3000 mm，如图 6-65 所示。

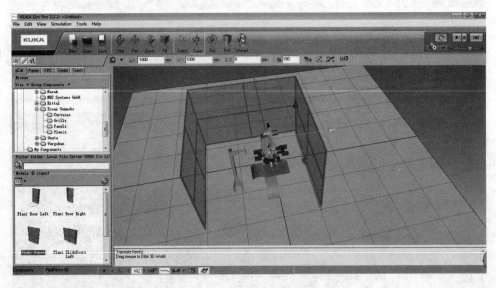

图 6-65　添加围栏

（6）添加围栏门，在"eCat/Local File System/KUKA Sim Library2.2/Manufactures/ Troax Gunnebo/Plexis"中选择"Plexi Door Left"和"Plexi Door Right"，调整参数，设置 "Param/Length"均为 1500 mm，如图 6-66 所示。

（7）为了便于编程，将机器人六个轴的角度设置为 A1＝0，A2＝－90，A3＝90，A4＝0， A5＝90，A6＝0，设置抓手的角度为 X＝0，Y＝90，Z＝0，如图 6-67 所示。

（8）点击"Teach"标签栏，切换到编程界面，设置"Base＝BASE_DATA[1]，Tool＝ TOOL_DATA[1]"，点击"Tool"后的双箭头，选择"Translate"，点击"Snap Position to Frame/Vertex/Surface Point"按钮，捕捉抓手内侧面，将工具坐标系设置在抓手内侧面，然 后点击"Trn Tool"确定，如图 6-68 所示。

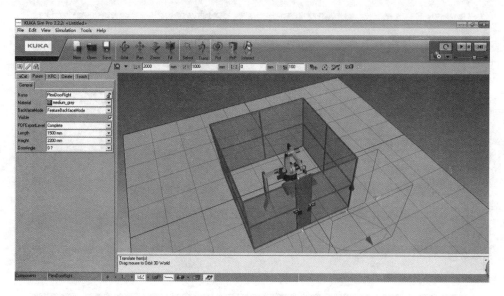

图 6-66　添加围栏门

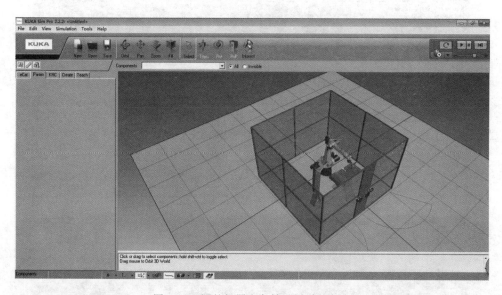

图 6-67　调整机器人各轴及抓手的角度

（9）点击"Snap Position to Frame/Vertex/Surface Point"按钮，选择操作台上工件的右侧面，将抓手移到工件上，然后点击"Add Point To Point Motion"按钮记录该点，如图 6-69所示。

（10）点击 按钮，添加抓取动作，设置"Set Output＝1,Value＝true"，点击复位按钮，将工件抓取；设置 $Z=1200$，将抓手抬高，点击 按钮记录该点；点击"Select"选中机器人，点击"Param"，设置 A1＝0,A2＝－90,A3＝90,A4＝0,A5＝0,A6＝0，点击 按钮记录该点；调整工具坐标，将其移到操作台左上角，点击 按钮记录该点。结果如图 6-70 所示。

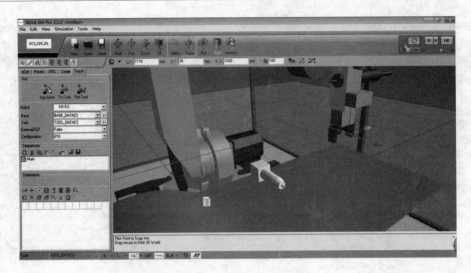

图 6-68　定义工具坐标系

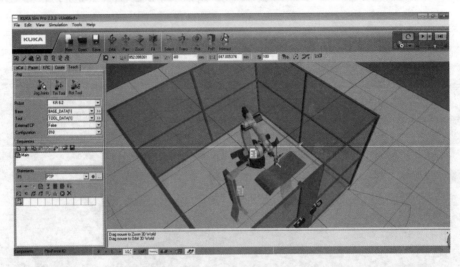

图 6-69　设置第一个点

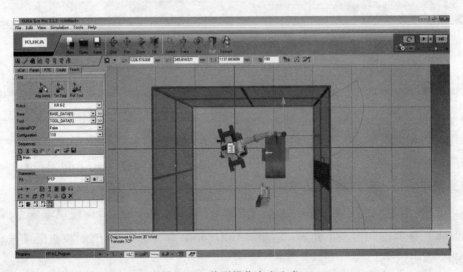

图 6-70　移到操作台左上角

（11）将工具坐标移动到操作台右上角，点击 ➡（Add Linear Motion Statement）按钮记录该点，如图 6-71 所示。

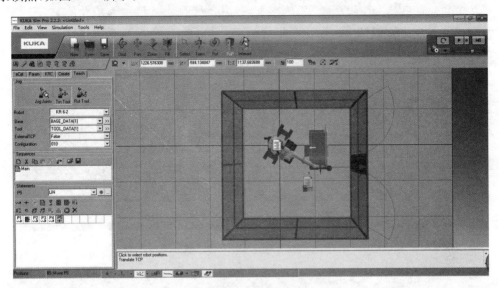

图 6-71　移到操作台右上角

（12）将工具坐标移动到操作台右下角，点击 ➡（Add Linear Motion Statement）按钮记录该点，如图 6-72 所示。

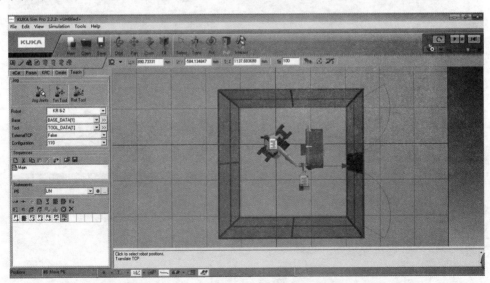

图 6-72　移到操作台右下角

（13）将工具坐标移动到操作台左下角，点击 ➡（Add Linear Motion Statement）按钮记录该点，如图 6-73 所示。

（14）将工具坐标移动到操作台左上角，点击 ➡（Add Linear Motion Statement）按钮记录该点，如图 6-74 所示。

（15）点击复位按钮，使机器人回到初始状态，然后点击运行按钮，即可看到机器人按照

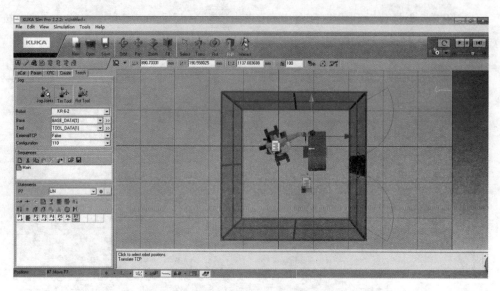

图 6-73　移到工作台左下角

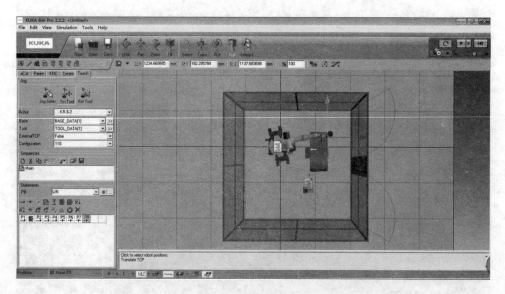

图 6-74　移到操作台左上角

编程轨迹运动。

（16）点击运行按钮旁边的红色圆点即可生成三维 PDF 文件。

思考与练习

1. Simpro 系统如何安装？

2. Simpro 系统的应用有哪些？

3. Simpro 系统的特点是什么？

参考文献

[1] 吴振彪,王正家.工业机器人[M].武汉:华中科技大学出版社,2006.

[2] 林尚扬.焊接机器人及其应用[M].北京:机械工业出版社,2000.

[3] 孙迪生,王炎.机器人控制技术[M].北京:机械工业出版社,1997.

[4] 周伯英.工业机器人设计[M].北京:机械工业出版社,1995.

[5] 张建民.工业机器人[M].北京:北京理工大学出版社,1988.

[6] Craig J Jr..机器人学导论[M].负超,等,译.北京:机械工业出版社,2006.

[7] 丁学恭.机器人控制研究[M].杭州:浙江大学出版社,2006.

[8] 蔡自兴.机器人学[M].北京:清华大学出版社,2000.

[9] 郭洪红.工业机器人技术[M].西安:西安电子科技大学出版社,2012.